Marc Fengel · Prüfung elektrischer Anlagen
Band 3

de-FACHWISSEN

Die Fachbuchreihe
für Elektro- und Gebäudetechniker
in Handwerk und Industrie

Marc Fengel

Prüfung elektrischer Anlagen

Band 3
Prüfbericht und zusätzliche Prüfungen

Hüthig · München/Heidelberg

Für eine bessere Lesbarkeit wird in der Regel auf eine genderspezifische Schreibweise sowie eine Mehrfachbezeichnung verzichtet. Gegebenfalls wird ausschließlich die männliche Form verwendet. Alle personenbezogenen Bezeichnungen sind geschlechtsneutral zu verstehen.

Bibliografische Information der Deutschen Nationalbibliothek
Die Deutsche Nationalbibliothek verzeichnet diese Publikation in der Deutschen Nationalbibliografie; detaillierte bibliografische Daten sind im Internet über https://portal.dnb.de/ abrufbar.

Möchten Sie Ihre Meinung zu diesem Buch abgeben?
Dann schicken Sie eine E-Mail an das Lektorat
im Hüthig Verlag:
buchservice@huethig.de
Autor und Verlag freuen sich über Ihre Rückmeldung.

ISBN 978-3-8101-0609-4

Printed in Germany
Titelbild, Layout, Satz, Zeichnungen: schwesinger, galeo:design
Titelfotos: Hintergrund: © shutterstock 581412322, Alberto Masnovo
Mitte: EV-TEST100 der Firma HT ITALIA
Rechts: Ladestecker der Firma MENNEKES Elektrotechnik GmbH & Co. KG
Druck: Westermann Druck Zwickau GmbH

Vorwort

Als Sachverständiger habe ich im Rahmen von Prüfungen und Begutachtungen den schönsten Job. Ich suche die Fehler bei anderen und muss die Mängel nicht selbst beheben. Doch so einfach ist es dann auch wieder nicht. Bei Prüfungen und Begutachtungen werden technische Zusammenhänge mit juristischen Mitteln bewertet. Dabei bedient sich ein Sachverständiger, im Gegensatz zu Juristen, technischer, gesetzlicher und privatrechtlicher Regeln auf dem Gebiet der Elektrotechnik sowie weiterer Fachgebiete.

Je nach Prüfung und Bewertungsgrundlage bewegt sich ein Sachverständiger oder ein Prüfer immer in einem Spannungsfeld zwischen dem Kunden, der eigenen Wirtschaftlichkeit und dem eigenen Qualitätsanspruch. Da Prüfer und Sachverständige bestimmte Freiheiten haben, den Prüfungsumfang und die Prüftiefe festzulegen, liegt es an jedem Einzelnen, seine Position innerhalb der drei Ansprüche zu finden. Selbstverständlich ist auch die Tätigkeit als Sachverständiger und Prüfer aufgrund der Liberalisierung des Prüfmarkts einem gewissen marktwirtschaftlichem Wettbewerb aus Angebot und Nachfrage unterworfen. Damit haben Kunden die Wahl, wer einen Prüfauftrag erhält und wer nicht. Durch den Preiskampf sind Sachverständige in der Zwickmühle, die Qualität und Prüftiefe zu Gunsten der Effizienz zu reduzieren. Ein Sachverständiger oder Prüfer läuft immer Gefahr, die eigenen Qualitätsansprüche zu Gunsten der Wirtschaftlichkeit bewusst oder unbewusst zu reduzieren. Damit werden Haftungsrisiken und im schlimmsten Fall das Risiko von strafrechtlichen Konsequenzen in Kauf genommen.

Im Rahmen meiner Tätigkeit stoße ich jedoch immer wieder auf Anwendungsfälle, die mit der Routine des „Alltagsgeschäfts“ nicht immer gleich zu lösen sind und besondere Sorgfalt erfordern. Die Prüfung dient im Grundsatz der Feststellung, ob eine elektrische Anlage sicher ist oder nicht. Dabei schafft ein Sachverständiger durch die Prüfung und die damit getätigten Aussagen Rechtssicherheit hinsichtlich Haftung und Schadensersatzansprüchen für Errichter und Betreiber. Im Grunde geht es für alle Beteiligten darum, am Abend gesund von der Arbeit nach Hause zu kommen, sein Häuschen, seine Eigentumswohnung und andere erarbeitete Vermögensstände zu behalten und morgens mit reinem Gewissen in den Spiegel schauen zu können. Hier kommt der fachlichen Aussage eines Sachverständigen vor allem bei sicherheitsrelevanten Aspekten eine besondere Rolle als unabhängige Institution zu.

Wie man dieser Rolle im Spannungsfeld der Interessen durch Zugeständnisse und Auslegung der technischen Regeln gerecht wird, obliegt jedem selbst: *„Nach bestem Wissen und Gewissen“*.

Vorwort zu Band 3

Während der dreijährigen Schreibarbeit stellte ich als Autor immer wieder fest, dass allein das Thema Besichtigen von elektrischen Anlagen in Verbindung mit dem fachlichen Wissen und den zu beachtenden technischen Anforderungen aus den Regelwerken bei weitem nicht abschließend erschöpft ist. Daher nun zwei weitere Bände: Band 2 gibt Prüfern, Sachverständigen, Gutachtern, Planern und Betreibern einen Leitfaden zur Durchführung der Erst- und Wiederholungsprüfungen elektrischer Anlagen an die Hand. Anhand von Praxisbeispielen wird auf den fachlichen Hintergrund der einzelnen Prüfschritte beim Besichtigen, Erproben und Messen eingegangen.

In diesem Band 3 wird neben dem Prüfbericht insbesondere auf zusätzliche bzw. ergänzende Prüfungen eingegangen, wie

- Prüfung von Frequenzumrichtern,
- Prüfung der Ladeinfrastruktur für Elektrofahrzeuge,
- Prüfung von Photovoltaik-(PV)-Stromversorgungssystemen und
- Prüfung des Netzanschlusses nach VDE-AR-N 4100.

Darüber hinaus wird auf die Erstellung eines Prüfberichtes eingegangen.

Danksagung

Danken möchte ich Herrn *Ulf Sundermann* vom Hüthig-Verlag für die konstruktive Zusammenarbeit und Unterstützung bei der Umsetzung dieses Projektes. Mein Dank gilt auch meinen Fachkollegen, Kunden und verschiedenen Fachkreisen, die mir für dieses Buch durch interessante und informative Fachdiskussionen einen wichtigen Input zu den fachlichen Inhalten gaben. Den besonderen Dank gilt den Personen in meinem privaten und familiären Umfeld, die mir durch Verzicht auf meine Person an den unzähligen Abenden, Wochenenden und Feiertagen während der letzten drei Jahre den Rücken für die notwendigen Schreibarbeiten freihielten und damit erst dieses Buch ermöglichten.

Ich wünsche Ihnen viel Spaß beim Lesen.

Marc Fengel

Inhaltsverzeichnis

I Prüfdokumentation

1 Der Prüfbericht

Nach der Prüfung muss ein Prüfbericht erstellt werden. Im Prüfbericht muss der Umfang der Prüfung zusammen mit den Aufzeichnungen über das Besichtigen und den Ergebnissen von Erproben und Messen enthalten sein. Es sind alle Fehler bzw. alle festgestellten Abweichungen von den aufgeführten Bewertungskriterien als „Mangel" aufzulisten. Bei Erstprüfungen von Erweiterungen oder Änderungen bestehender Anlagen dürfen im Prüfbericht auch Empfehlungen für angemessene Reparaturen und Verbesserungen aufgenommen werden.

Im Wesentlichen müssen bei Erst- und Wiederholungsprüfungen nach DIN VDE 0100-600 und DIN VDE 0105-100 folgende Angaben enthalten sein:

Allgemeine Angaben

- Name und Anschrift des Auftraggebers
- Name und Anschrift des Auftragnehmers
- Bezeichnung der einzelnen Prüfprotokolle für die Dokumentation von Messwerten, z. B. Prüfprotokoll-Nr., Auftragsnummer, Bereich, Verteilerbezeichnung etc. (falls erforderlich)
- Bezeichnung des Prüfgegenstands: Anlagenbezeichnung, Gebäude, Gebäudebereich, Verteilerbezeichnung, Stromkreise. Die Bezeichnung des Prüfgegenstands und der geprüften Stromkreise mit deren Bezeichnungen und zugehörigen Schutzeinrichtungen müssen ersichtlich sein.
- Die verwendeten Mess- und Prüfgeräte

Bewertung der Prüfung

- Es sind alle beim Besichtigen, Erproben und Messen ermittelten Informationen sowie die Ergebnisse von Berechnungen vom Prüfer zu bewerten. Die Bewertung ist das Ergebnis der Prüfung. Die Dokumentation beinhaltet die für die Bewertung relevanten Messwerte. Es sind auch Messwerte zu dokumentieren, die die Normenanforderungen erfüllen, jedoch von den zu erwartenden Werten abweichen.

Angaben zum Prüfer

- Prüfstelle, Prüfer
- erforderlichenfalls Anerkennungs- und Befähigungsnachweis (z. B. Anerkennungsnummer)
- Datum
- Unterschrift

1.1 Allgemeine Angaben

1.1.1 Gegenstand der Prüfung

Der Gegenstand der Prüfung beschreibt die zu prüfende ortsfeste elektrische Anlage. Einfach ausgedrückt wird beschrieben, „was geprüft wird". Der Prüfgegenstand kann sich von der gesamten elektrischen Anlage bis hin zu einzelnen Stromkreisen erstrecken. Wird in einem Prüfbericht nichts angegeben, sollte der Prüfer den Umfang der Anlage genau beschreiben, da sonst möglicherweise eine vollumfängliche Prüfung des Standorts suggeriert wird. Aus diesem Grund sollte der Prüfer genau beschreiben, welche Bereiche oder Anlagenteile geprüft werden.

Wird nur ein Teil der elektrischen Anlage geprüft, handelt es sich um eine *Teilprüfung*. Die Teilprüfung kann räumliche Einschränkungen beinhalten oder sich auf bestimmte elektrische Anlagen im Gebäude beschränken. Hierzu sollte der Prüfer im Prüfbericht räumliche oder anlagentechnische Einschränkungen klar mit z. B. der Zwischenüberschrift „nicht geprüfte Bereiche" bezeichnen. Bei der Beschreibung sollten die normativen Begriffe aus für Prüfgrundlagen und Bewertungskriterien (siehe Abschnitt 1.1.2) verwendet werden.

Beispiel: Gegenstand der Prüfung

Prüfung/Teilprüfung

- der elektrischen Anlage (Anschlussnutzeranlage) des Gebäudes/ der Nutzungseinheit XY mit/ohne die Bereiche XY
- der Sicherheitsstromversorgung
- des Photovoltaik-Stromversorgungssystems auf dem Gebäude XY mit/ohne Hauptverteilung
- des Hauptstromversorgungssystems der Kundenanlage XY mit/ohne Anschlussnutzeranlage(n) XY
- der Schalt- und Steuerschränke der MSR-Technik

- Erweiterung/Änderung der elektrischen Anlagen und der von der Änderung und Erweiterung betroffenen Anlagenteile
- Photovoltaik-(PV-)-Stromversorgungssystem ohne Speicher gemäß DIN VDE 0100-712
- Ladeeinrichtung zum Laden von Elektrofahrzeugen
- Ladeinfrastruktur zum konduktiven Laden von Elektrofahrzeugen gemäß DIN VDE 100-722 und DIN VDE 0122-1

In jedem Fall ist darauf zu achten, dass der Gegenstand klar gegenüber anderen Anlagen, Anlagenteilen und Bereichen abgegrenzt ist und sich gleichzeitig der Dokumentationsaufwand in Grenzen hält. Als Möglichkeiten haben sich zum Beispiel folgende Angaben zur eindeutigen Identifizierung des Prüfgegenstands bewährt:

- Bereichs- oder Raumbezeichnung in Übereinstimmung mit den Übersichtsplänen oder Flucht- und Rettungsplänen,
- Zählernummern mit Ortsbezeichnung,
- Registriernummer bei der Bundesnetzagentur (bei Erzeugungsanlagen/ PV-Anlagen oder Ladesystemen für E-Fahrzeuge),
- Verteilerbezeichnungen mit oder ohne Stromkreise.

In der Praxis hat sich die Beschreibung und Eingrenzung des Prüfgegenstands anhand der Übersichtpläne und Strangschemata als sinnvoll erwiesen. Da während des Betriebs der Betreiber die Räume und Orte umbenennen kann, sollte hier ein eindeutiger Bezug zu den zum Zeitpunkt der Prüfung gültigen Raumbezeichnungen im Prüfbericht vermerkt werden.

Beispiel: Ortsbezeichnungen

Die Bezeichnung der Räume und Standorte erfolgt in Anhang A zum *Befundschein* gemäß der folgenden örtlichen Gebäude-, Raum- und Anlagenbezeichnungen:

- Bezeichnung der Örtlichkeiten wurde dem Sachverständigen durch die Begleitperson benannt
- Übersichtplan/Werksübersicht
- Die zum Zeitpunkt der Prüfung vorgefundenen Raum- und Anlagenbezeichnungen
- Ortsbezeichnungen der Flucht- und Rettungspläne
- Luftbild (z. B. Google Maps)

Bei übersichtlichen Anlagen empfiehlt es sich, den Übersichtsplan des Gebäudes bzw. des Gebäudeabschnitts im Anhang beizufügen. Bei größeren Anlagen hat sich das Strangschema als Anlage bewährt.

1.1.2 Prüfgrundlage

Aus dem Prüfbericht sollte die Prüfgrundlage ersichtlich sein. Sie stellt den Anlass der Prüfung dar. Bei Erstprüfungen nach DIN VDE 0100-600 leitet sich die Prüfgrundlage aus dem Nachweis der Errichtung der elektrischen Anlagen nach den anerkannten Regeln der Technik, insbesondere aus den zutreffenden Teilen der DIN VDE 0100-Reihe auf Grundlage §49 EnWG ab. Die Prüfung dient dem Nachweis des Errichters.

Prüfungen elektrischer Anlagen müssen nach VDE 0105-100 Absatz 5.3.3 in geeigneten Zeitabständen durchgeführt werden. Zweck dieser Prüfungen ist der Nachweis, dass die elektrische Anlage den Sicherheitsvorschriften und den Errichternormen entspricht.

Die Zeitspanne zwischen wiederkehrenden Prüfungen kann zum Beispiel durch gesetzliche oder andere nationale Bestimmungen (z. B. berufsgenossenschaftliche Bestimmungen) festgelegt werden. Die Häufigkeit der wiederkehrenden Prüfungen hat der Betreiber festzulegen. Es können auch Prüfintervalle auf Grundlage gesetzlicher oder anderer nationalen Bestimmungen (z. B. berufsgenossenschaftliche Bestimmungen) sowie auf Grundlage zusätzlicher privatrechtlicher Prüfgrundlagen (z. B. Prüfung nach VdS 2871) festgelegt werden.

Beispiel: Prüfgrundlagen

- Kundenauftrag
- Prüfung vor Inbetriebnahme
- Abnahmeprüfung für die unter Abschnitt „Umfang und Durchführung der Prüfung“ beschriebenen Bereiche
- Abnahmeprüfung gemäß DIN 18382-2 (VOB/C) Abs. 3.4
- DGUV Vorschrift 3 § 5 Prüfung in regelmäßigen Zeitabständen
- DGUV Vorschrift 4 § 5 Prüfung in regelmäßigen Zeitabständen
- DGUV Vorschrift 3 § 5 Prüfung vor Inbetriebnahme
- DGUV Vorschrift 4 § 5 Prüfung vor Inbetriebnahme
- Prüfung gemäß Auftrag in dem unter Abschnitt „Umfang und Durchführung der Prüfung“ beschriebenen Umfang
- Erstprüfung nach Errichtung gemäß DIN VDE 0100-600
- Erstprüfung nach Änderung/Erweiterung gemäß DIN VDE 0100-600
- Wiederkehrende Prüfung gemäß DIN VDE 0105-100/A1 zur Feststellung des ordnungsgemäßen Zustands nach DIN VDE 0105-100 Abs. 5.3

- Prüfung nach Mängelbeseitigung – Vorbericht
- Baubegleitende Begutachtung

1.1.3 Umfang der Prüfung

Seit Anwendungsbeginn der VDE-AR-N 4100 werden elektrische Anlagen gemäß Definition nach DIN VDE 0100-200 als *Kundenanlage* bezeichnet. Diese umfasst das Hauptstromversorgungssystem, also den ungezählten Bereich, und die Anschlussnutzeranlagen. Daher ist es für den Gegenstand der Prüfung aus Gründen der Verswechslung und möglicher Schnittmengen zu anderen Errichterfirmen wichtig, die Bereiche sauber voneinander zu trennen.

Der Umfang einer Prüfung sollte grundsätzlich vom Prüfer eindeutig beschrieben sein. Dies umfasst die Beschreibung der durchgeführten Prüfschritte sowie die betrachteten Aspekte im Rahmen der Prüfung. In diesem Abschnitt können optional auch die bei der Prüfung begleitenden Personen gelistet werden. Werden keine Vorlagen verwendet, sollte der Prüfungsumfang genau beschrieben sein. Werden keine vollumfänglichen Messungen an allen Stromkreisen durchgeführt, sollte im Prüfungsumfang darauf hingewiesen werden.

Prüfungen sind reine Feststellungen von Abweichungen der aufgeführten Bewertungskriterien. Eine Prüfung ist demnach weder eine Fehleranalyse noch eine Planung von Maßnahmen zur Mängelbeseitigung.

Grundsätzlich sollte insbesondere bei Teilprüfungen und Prüfungen einzelner Bereiche der Prüfbericht nicht den Anschein einer vollumfänglichen Prüfung vermitteln. Hier ist beim Berichtstitel und bei der Beschreibung des Prüfungsumfangs darauf zu achten, dass Prüfungen von eingeschränkten oder (Teil-)Bereichen klar beschrieben sind. Die Beschreibung der nicht geprüften Bereiche und Aspekte ist genauso wichtig wie die Beschreibung des Prüfungsumfangs.

Es sollte auch klar beschrieben sein, welche Themen (z. B. baurechtliche Anforderungen) und Bereiche zum Zeitpunkt der Prüfung nicht zugänglich waren bzw. aus betrieblichen Gründen nicht geprüft bzw. abgeschaltet werden konnten. Folgende Bereiche können nicht immer besichtigt werden und sollten entsprechend vom Prüfungsumfang ausgenommen werden:

- Gebäudepotentialausgleich,
- Teile des inneren Blitzschutzes,

- äußerer Blitzschutz,
- Fundamenterder,
- Kabel und Leitungen in Zwischendecken und nicht zugänglichen Schächten.

Beispiel: Umgang und Durchführung
Die Prüfung erfolgte im Beisein folgender Begleitperson(en): __________

Beispiel: Geprüfte Bereiche und Anlagenteile
Die Prüfung/Begutachtung umfasst folgende Bereiche der allgemeinen Stromversorgung, einschließlich Hauptverteilung, Unterverteilungen, Kabel- und Leitungsanlagen:

- Kundenanlage Bereich: __________
- Anschlussnutzeranlage Bereich: __________
- Anschlussnutzeranlage Bereich: __________ sowie die von der Änderung/Erweiterung betroffenen Anlagenteile des Hauptstromversorgungssystems
- Elektrische Anlage am o. a. Standort gemäß den im Umfang festgelegten Bereichen
- Photovoltaik-(PV)-Stromversorgungssystem und die von der Erweiterung betroffenen Bereiche der Kundenanlage
- Teilprüfung der elektrischen Anlage: __________
- Bereiche: __________
- Verteiler: __________
- Kabel- und Leitungsanlage in den Bereichen: __________
- ....

Nicht geprüfte bzw. nicht zugängliche Bereiche und Anlagenteile
Zum Zeitpunkt der Prüfung konnten folgende Anlagen bzw. Anlagenteile nicht besichtigt werden:

- Bereich/Raum/Anlagenteil: __________
- Bereich/Raum/Anlagenteil: __________
- ...

Beispiel: Abgeschaltete bzw. stillgelegte Anlagenteile
Zum Zeitpunkt der Prüfung befanden sich folgende Anlagenteile im Umbau bzw. waren nicht in Betrieb:

- Bereich/Raum/Anlagenteil: __________
- Bereich/Raum/Anlagenteil: __________
- ...

Die zum Zeitpunkt der Prüfung unzugänglichen, außer Betrieb genommenen Bereiche und Anlagenteile, die nicht im Prüfungsumfang gelisteten Bereiche sowie Kabel- und Leitungen in Zwischendecken und verschlossenen Kanälen sind im Prüfungsumfang ausgenommen.
Nicht bewertet wurden:

- die Wirksamkeit des Gebäudepotentialausgleich,
- baurechtliche Anforderungen,
- Spannungsfall in Verteiler- und Endstromkreisen nach DIN VDE 0100-520 und
- die Wirksamkeit des äußeren Blitzschutzes.

Verteilerabdeckungen aus Metall und Abdeckungen von Stromschienen wurden vom Sachverständigen aus Arbeitsschutzgründen nicht entfernt und sind demnach, sofern sie nicht von der Begleitperson geöffnet wurden und im Prüfungsumfang explizit genannt sind, aus dem Prüfungsumfang ausgenommen.

Beispiel: Durchgeführte Prüfungen

Im Einzelnen wurden folgende Prüfungen durchgeführt:

- Sichtprüfung der Installationen und der Schaltanlagen,
- Messung von Schleifenwiderständen und Innenwiderständen an Schuko-Steckdosen (Stichproben),
- Messung von Isolationswiderständen in Endstromkreisen (Stichproben),
- Funktionsprüfungen von RCDs (Stichproben),
- Funktionsprüfungen von Schutzeinrichtungen, Betätigungselementen (z. B. Not-Aus) und Sicherheitsfunktionen (Stichproben),
- Prüfung der Wirksamkeit der Schutzmaßnahmen gegen elektrischen Schlag gemäß DIN VDE 0105-100 Abs. 5.3.101 (Stichproben),
- Vollständigkeit und Ausführung der Übersichtspläne, der Bedienungsanleitung, der Beschreibung der Anlage sowie der sonstigen Dokumentation nach DIN VDE 0100-520 Abs. 514.5 auf Plausibilität und Vollständigkeit, sofern zum Zeitpunkt der Prüfung verfügbar,
- Temperaturmessungen wurden an neuralgischen Punkten der elektrischen Anlage stichprobenartig vorgenommen,
- Messungen und Erprobungen konnten ausschließlich in dem Umfang durchgeführt werden, wie die Stromkreise zum Zeitpunkt der Prüfung aus betrieblichen Gründen abgeschaltet werden konnten.

Ebenso sind Abweichungen von normativen Vorgaben im Prüfbericht zu vermerken. Beispielsweise ist der Isolationswiderstand bei wiederkehrenden Prüfungen immer wieder ein Diskussionspunkt. Der Isolationswiderstand kann während des Betriebs aufgrund von Überspannungs-Schutzeinrichtungen, angeschlossenen Betriebsmitteln etc. beeinträchtigt werden. Die Vorgabe der Isolationswiderstände von mindestens 1 MΩ im Rahmen der Erstprüfung sollte trotz der geringeren Mindestwerte bei wiederkehrenden Prüfungen nicht unterschritten werden.

Beispiel: Abweichung von normativen Vorgaben
Isolationswiderstände unter 1 MΩ, die die normativen Anforderungen gemäß DIN VDE 0105-100/A1 noch erfüllen, aber auffällig von anderen Werten abweichen, werden im Rahmen von wiederkehrenden Prüfungen als Hinweis aufgeführt.
Es wird darauf hingewiesen, dass Isolationswiderstände unter 1 MΩ gemäß DIN VDE 0105-100 Abs. 5.3.3.101.3.3 die normativen Grenzwerte einhalten. Je nach Anlagengröße und Komplexität ist die Bewertung der angeschlossenen Betriebsmittel nicht möglich, so dass die Abweichungen auch auf die angeschlossenen Verbrauchsmittel zurückgeführt werden können.

Genauso wichtig wie die Beschreibung des Prüfumfangs ist der *Ausschluss von Prüfungen*. Grundsätzlich ist bei Teilprüfungen oder nicht vollumfängliche Prüfungen darauf zu achten, dass anhand des Prüfberichts keine vollumfängliche Prüfung suggeriert wird. Hier sollte bereits aus der ersten Seite (Deckblatt) des Prüfberichts der Umfang ersichtlich sein. Unter Abschnitt „Umgang und Durchführung“ sollte eine genaue Beschreibung der ausgeschlossenen Aspekte gelistet sein.

Beispiel: Ausschluss von Aspekten aus dem Prüfumfang
Nicht im Prüfungsumfang enthalten sind folgende Aspekte:

- Kabel- und Leitungsverlegung in den Zwischendecken, geschotteten Kabelkanälen und -schächten und in unzugänglichen Bereichen,
- Wirksamkeit der Erdungsanlage nach DIN 18014 und DIN VDE 0100-540,
- Beurteilung des Spannungsfalls der End- und Verteilerstromkreise nach DIN VDE 0100-520, NAV und VDE-AR-N 4100,
- innerer und äußerer Blitz- und Überspannungsschutz (wenn vorhanden),
- Beurteilung der Energieeffizienz nach DIN VDE 0100-801,

- baurechtliche Anforderungen (z. B. Brandschutzkonzept),
- Anforderungen an den Funktionserhalt,
- Genehmigungsverfahren,
- nicht im Prüfungsumfang aufgeführte Bereiche und Teile der elektrischen Anlage,
- Sicherheitsbeleuchtung (wenn vorhanden),
- ...

Beispiel: Ausschluss von Prüfungen an ortsveränderlichen Betriebsmitteln und Maschinen

- Die Prüfung umfasst auftragsgemäß nicht die ortsveränderlichen elektrischen Betriebsmittel, Verlängerungs- und Geräteanschlussleitungen mit ihren Steckvorrichtungen. Es wird darauf hingewiesen, dass entsprechend der Unfallverhütungsvorschrift DGUV Vorschrift 3 diese Betriebsmittel zu prüfen sind.
- Die Prüfung umfasst nicht die ortsveränderlichen elektrischen Betriebsmittel, Verlängerungs- und Geräteanschlussleitungen mit Steckvorrichtung.
- Die Prüfung umfasst nicht die vom Betreiber/Gebäudenutzer aufgestellten und betriebenen Geräte, Maschinen, Arbeitsmittel und Serverschränke.

Wer als Prüfer oder Sachverständiger auftritt, sollte sich im Prüfbericht von einer Planung klar abgrenzen. Es sind nur Abweichungen festzustellen, ohne zwingend Lösungsvorschläge aufzuführen. Allerdings ist es gerade bei Prüfdienstleistern auch aufgrund der Kundenorientierung nicht immer möglich, Mangelfeststellung und mögliche Abhilfemaßnahmen im Feststellungsteil eines Prüfberichts zu trennen. Damit sich ein Prüfer durch die Feststellung nicht in die Rolle eines Planers und somit in die Haftung einer Planung begibt, sollte im Prüfungsumfang darauf hingewiesen werden, dass es sich bei Anmerkungen zur Mängelbeseitigung weder um eine ordentliche Planung noch um die kostengünstigste Möglichkeit handelt und dass diese Anmerkung weder eine ordentliche Planung ersetzt noch die wirtschaftlichste Lösung darstellt.

Beispiel: Ausschluss von Planungsleitungen im Rahmen der Prüfung

Dieser Prüfbericht enthält Anmerkungen zur Mängelbeseitigung. Diese Anmerkungen stellen lediglich eine Möglichkeit dar, den Mangel abzustellen. Es muss sich dabei nicht um die wirtschaftlichste Lösung handeln. In jedem Fall ersetzen diese Anmerkungen keine ordentliche Planung.

1.2 Die Bewertungskriterien

Die bei einer Prüfung zugezogenen Bewertungskriterien stellen den Sollzustand dar. Stellt der Prüfer eine Abweichung hiervon fest, stellt dies im Rahmen der Prüfung einen Mangel dar.

Als Bewertungskriterien sind die zutreffenden Normen, TRBS, technischen Regelwerke und Richtlinien sowie weitere Dokumente wie Gefährdungsbeurteilungen, Brandschutzkonzepte etc. hinzuzuziehen. Bewertungskriterien können zudem aus privatrechtlichen Vereinbarungen resultieren, z. B. VOB, AMEV, Leistungsverzeichnisse etc.

Abweichungen zwischen Bewertungskriterium und der Ausführung stellen einen Mangel dar. Während Normen, Richtlinien und Vorschriften die Umsetzung von Schutzzielen festlegen, können privatrechtliche Vereinbarungen darüber hinaus spezifische Leistungsmerkmale, wie die Verwendung von Betriebsmitteln bestimmter Hersteller, eine erweiterte Dokumentation, zusätzliche Spezifikationen an die Funktion und Ausführung sowie weitere Prüfschritte erfordern.

Beispiel: Abweichungsvereinbarung
Zum Zeitpunkt der Begutachtung lagen keine Planungsanforderungen vor./Folgende Planungsanforderungen lagen dem Sachverständigen zum Zeitpunkt der Prüfung vor und werden im Rahmen der Prüfung berücksichtigt. Festgestellte Abweichungen gegenüber den folgenden Planungsanforderungen werden als Sachmangel (S) gekennzeichnet:

- DIN 18015-1 „Elektrische Anlagen in Wohngebäuden – Teil 1: Planungsgrundlagen",
- AMEV ELT Anlagen 2020 „Planung und Bau von elektrischen Anlagen in öffentlichen Gebäuden",
- Vertraglich festgelegte Anforderungen,
- DIN 18382-2 (VOB/C) Abs. 3.4,
- ...

Gegenüber den zutreffenden Planungsnormen lagen dem Sachverständigen folgende Abweichungsvereinbarungen vor:

- Abweichung 1
- Abweichung 2
- ...

Bei festgestellten Abweichungen gegenüber Planungsnormen und Planungsgrundsätzen kommt es nach Begutachtungen und Abnahmen durch Sachverständige immer wieder zu Diskussionen über die Legitimation der festgestellten Mängel. Der Sachverständige/Prüfer hat vor einer Prüfung/Begutachtung den Prüfungsumfang und die hinzuzuziehenden Bewertungskriterien mit den Parteien oder dem Auftraggeber zu klären.

In der Praxis liegen jedoch bis zur Mangelfeststellung keine genauen Informationen zur Planung vor. Lag zum Zeitpunkt der Prüfung keine Abweichungsvereinbarung vor, sollte dies im Prüfbericht dokumentiert sein. Grund ist hier, dass sich der Sachverständige/Prüfer nicht unnötig in die Haftung für nicht gerechtfertigt festgestellte Mängel begibt.

Beispiel: Abweichungsvereinbarung
Gegenüber den zutreffenden Planungsnormen und Anforderungen lagen dem Sachverständigen keine Abweichungsvereinbarungen vor.

Bei der Auflistung der Bewertungskriterien im Prüfbericht ist darauf zu achten, dass ausschließlich jene aufgeführt sind, die auch wirklich im Rahmen einer Prüfung betrachtet wurden. Werden ganze Normen und Regelwerke aufgelistet, sind auch alle dort enthaltenen Abweichungen als Mangel festzustellen. Hier empfiehlt es sich, auch einzelne Auszüge und Absätze der zutreffenden Bewertungskriterien aufzulisten. Der Prüfer/Sachverständige sollte auch auf die Ausgaben der Normen hinweisen. Werden alle Normen in der derzeit gültigen Fassung hinzugezogen, ist ein Hinweis auf die Verwendung der aktuell gültigen Fassungen ausreichend. Anhand des Datums der Prüfung kann so eindeutige Bezug zu den Ausgaben der Normen hergestellt werden.

Nicht eindeutig ist der Bezug bei Normen, bei denen bereits eine aktuelle Ausgabe angewendet werden kann, die Übergangsfrist zur Vorgängerausgabe aber noch besteht. In diesen Fällen ist die Ausgabe der zutreffenden Norm in den Bewertungskriterien zu benennen.

Gleiches gilt, wenn im Rahmen von Gutachten die Frage nach der regelkonformen Errichtung gestellt wird. In diesen Fällten sind die zum Errichtungszeitpunkt gültigen Normen zu benennen. In den meisten Fällen kann eine Auflistung der Normen und Regelwerke nur mit hohem Aufwand vollständig geleistet werden. Entsprechend würde bei Nennung aller Normen der Dokumentationsaufwand nicht im Aufwand-Nutzen-Verhältnis stehen. Werden Mängel gegenüber nicht gelisteten Bewertungskriterien festgestellt und dokumentiert, sollte ein Verweis auf die hinzugezogenen Normen im Mangeltext vorgenommen werden (siehe Beispiel).

Beispiel: Angabe von Bewertungskriterien (Auswahl)

Bewertungskriterien

- DIN VDE 0100-410 Errichtung elektrischer Anlagen: Schutzmaßnahmen – Schutz gegen elektrischen Schlag
- DIN VDE 0100-430 Errichten von Niederspannungsanlagen: Schutzmaßnahmen – Schutz bei Überstrom
- DIN VDE 0100-510 Errichten von Niederspannungsanlagen: Auswahl und Errichtung elektrischer Betriebsmittel – Allgemeine Bestimmungen
- DIN VDE 0100-520 Errichten von Niederspannungsanlagen: Auswahl und Errichtung elektrischer Betriebsmittel – Kabel- und Leitungsanlagen
- DIN VDE 0100-540 Errichten von Niederspannungsanlagen: Auswahl und Errichtung elektrischer Betriebsmittel – Erdungsanlagen und Schutzleiter
- DIN VDE 0100-600 Errichten von Niederspannungsanlagen: Prüfungen
- DIN VDE 0105-100 Betrieb elektrischer Anlagen – Teil 100: Allgemeine Festlegungen
- DIN VDE 0105-100/A1 Betrieb elektrischer Anlagen – Teil 100: Allgemeine Festlegungen Änderung A1: Wiederkehrende Prüfungen
- DIN VDE 0298-4 Verwendung von Kabeln und isolierten Leitungen für Starkstromanlagen
- DIN EN 50274 (VDE 0660-514) Niederspannungs-Schaltgerätekombinationen Schutz gegen elektrischen Schlag – Schutz gegen unabsichtliches direktes Berühren gefährlicher aktiver Teile
- DIN VDE 0660-600-1 (und zutreffende Teile) Niederspannung-Schaltgerätekombinationen, sowie zutreffende Teile

Die genannten Bewertungskriterien wurden im Rahmen der Prüfung in der derzeit gültigen Fassung herangezogen. Weitere Bewertungskriterien, Normen und Regelwerke werden im Mangeltext zitiert.

1.3 Unterlagen

Ist im Prüfungsumfang die Beurteilung von Inhalten externer Prüfprotokolle, Schaltungsunterlagen, spezifischer Herstellerangaben, Prüfbescheinigungen etc. enthalten, sind diese Gegenstand der Bewertung und somit als Bewertungskriterium aufzuführen. Dabei kann es sich um folgende Dokumente handeln:

- Errichterbescheinigungen,
- Herstellerangaben bzw. Auszüge aus der Montage- und Bedienungsanleitung,
- Konformitätserklärungen,
- Stückprüfungsprotokolle,
- Schaltungsunterlagen,
- Übersichtspläne,
- Baugenehmigungen (sofern erforderlich),
- Brandschutzkonzept,
- Verwendbarkeitsnachweise (DIBt-Zulassungen).

Je nach Art und Gegenstand der Prüfung gibt es hier erhebliche Unterschiede in Art und Umfang der Dokumente und Nachweise. Der genaue Umfang der erforderlichen Dokumente ergibt sich aus der Prüfgrundlage und dem festgelegten Umfang.

Art und Umfang der erforderlichen Dokumente und Prüfberichte sind vom Prüfer mit den Auftraggebern im Rahmen des Prüfauftrags zu klären. Hierzu sind u. a. folgende Anforderungen zu beachten:

- DIN VDE 0100-600,
- DIN VDE 0105-100/A1,
- DIN 18015-1,
- AMEV ELT Anlagen 2020,
- vertraglich festgelegte Anforderungen,
- DIN 18382-2 (VOB/C) Abs. 3.4,
- Auflagen der Sachversicherer.

1.3.1 Messgeräte

Die verwendeten Mess- und Prüfgeräte sind im Prüfbericht aufzuführen. Die Aufführung des Messgeräts dient der Nachvollziehbarkeit der Messwerte und des genutzten Messgeräts. Hier sollte eine direkte Zuordnung des Messgeräts z. B. über die Inventarnummer und/oder den Kalibrierschein enthalten sein.

Beispiel: Messgeräte und Prüfmittel

- Installationsmessgeräte nach DIN VDE 0413 Teile -2, bis -7: Benning IT 120 B, SN: 12270169, Kalibrierschein-Nr. 273 977, 18.06.2021
- Stromzange mit Maximalwertspeicher und Echt-Effektiv-Messung (TRMS) nach DIN VDE 0411-2-32: Testo 770-3 SN: 0000834 0590 7703
- Infrarot-Kamera, FLIR C3, SN: 720131059

In der Praxis hat sich aus Gründen der Nachverfolgbarkeit die Zuordnung zu firmeninternen Prüfmittelverwaltungssystemen bewährt. Firmen mit eigenen QM-Systemen können beispielsweise die Zuordnung der Mess- und Prüfmittel über eine firmeninterne Datenbank den einzelnen Prüfern zuordnen. Hier reicht ein Verweis im Prüfbericht aus. Ebenso bietet sich an, die Kalibrierscheine und Prüfmittellisten über eine geschützte Internetquelle zugänglich zu machen. Hierfür kann beispielsweise ein QR-Code im Prüfbericht eingefügt werden.

1.3.2 Messwerte

Gemäß DIN VDE 0100-600 Anhang NA ist die Aufnahme einzelner Messwerte im Prüfbericht nicht erforderlich. Dieser Umstand führt in der Praxis immer wieder zu regen Diskussionen. Grundsätzlich ist aber festzuhalten, dass die Ergebnisse im Prüfbericht nachvollziehbar sein müssen. Die Bescheinigung des Prüfers, dass alles in Ordnung ist, reicht somit nicht aus. Zudem sind im Rahmen der Feststellung des ordnungsgemäßen Zustands nach DIN VDE 0105-100/A1 auch Veränderungen des Zustands einer elektrischen Anlage z. B. über Veränderung des Isolationswiderstands, Änderungen der Schleifen- und Innenwiderstände, Zustand der Schutzeinrichtungen etc. festzustellen. Ohne Messwerte lassen sich Veränderungen allerdings nicht feststellen.

Bei Prüfungen und Begutachtungen unterscheiden sich die Umfänge je nach Art der Prüfung, wodurch sich im Rahmen der Prüfungen die Spannweite der durchgeführten Messungen von null bis hin zur vollumfänglichen Messung erstreckt.

Selbstredend ist im Rahmen der Erstprüfung ein vollumfängliches Messprotokoll zu erstellen. Diese Prüfung erlaubt keine Stichproben. Hierzu empfiehlt es sich, die Vorlagen vom ZVEH oder gleichwertige Dokumente zu verwenden.

Bei Abnahmeprüfungen und Begutachtung von Sachverständigen werden in der Regel keine vollumfänglichen Messungen durchgeführt. Liegen geeignete Messprotokolle vor, kann der Sachverständige sich auf die Messwerte stützen. Der Umfang der Messungen in Stichproben obliegt dann dem Sachverständigen. Zur Beurteilung der Sachverhalte bezieht sich demnach der Sachverständige auf die Messergebnisse des Errichters oder des Betreibers.

Im Prüfbericht bzw. im Gutachten bei Abnahmen sollten die vorhandenen Protokolle angegeben werden, auf die sich der Prüfer/Sachverständige stützt. Hierzu muss jedes Protokoll eindeutig dem Anlagenteil zugeordnet werden können.

Macht sich der Prüfer fremde Messergebnisse für die Bewertung zu eigen, sollten diese Messprotokolle im Prüfbericht unter Abschnitt „Messwerte" aufgelistet werden. Wichtig ist hier, dass aus dem Prüfbericht die Quellen ersichtlich sind.

Beispiel: Quellangabe Messprotokoll

Im Rahmen der Prüfung/Begutachtung lagen dem Sachverständigen/Prüfer folgende Messprotokolle vor:

- Messprotokoll: ________, Datum: ______, Seitenzahl: ________
- Messprotokoll: ________, Datum: ______, Seitenzahl: ________
- ...

Zudem sollte ein Haftungsausschluss über die Richtigkeit der Messergebnisse im Prüfbericht/Gutachten enthalten sind.

Beispiel: Haftungsausschluss

Die vorliegenden Messprotokolle wurden vom Prüfer/Sachverständigen nicht durch eigene vollumfängliche Messungen überprüft.
Messwerte aus den vorliegenden Messprotokollen wurden vom Sachverständigen/Prüfer für geeignet befunden und werden im Rahmen der Prüfung zur Bewertung hinzugezogen.
Im Rahmen der Begutachtung wurden die unter Abschnitt „Technische Beschreibung" gelisteten Messprotokolle beurteilt.

Werden stichprobenartig Messungen durchgeführt, sollten diese vom Prüfer/Sachverständigen aus Gründen der Nachvollziehbarkeit dokumentiert werden.

Unter der Voraussetzung, dass geeignete Messprotokolle vorliegen und keine weiteren Anforderungen dem entgegenstehen, sollten bei Gutachten und Sachverständigenabnahmen mindestens die gemessenen Stromkreise dokumentiert werden. Weichen die Messwerte nicht oder nicht erheblich von dem vorliegenden Messprotokoll ab, ist die Dokumentation der Messwerte nicht zwingend erforderlich.

In der Praxis eignet sich hier eine Tabelle im Prüfbericht des Sachverständigen, die sich auf die vorhandenen Messprotokolle bezieht (**Tabelle 1.1**).

Stromkreis		Leitung/ Kabel		Überstromschutz[2]			Z_i/Z_s-Messung		Isolation[3] 500 V	Fehlerstrom-Schutzeinrichtung (RCD)		
Nr.[1]	Bezeichnung[1]	Typ	S in mm^2	Art	I_n in A	Typ	Z_i/Z_s in Ω	I_K in A	R_{iso}	$I_{\Delta.Mess}/I_{\Delta N}$ in mA/mA	t_a (1x/5x $I_{\Delta N}$) in ms/ (1x/5x)	U_L in V

1 Stromkreis-Nr. und Bezeichnung des Stromkreises bzw. der Verteilung

2 Überstromschutz: Art = Art der Schutzeinrichtungen (LS: Leitungsschutzschalter, FI-LS: kombinierter LS-Schalter mit integrierter RCD; ÜSE: Überstromschutzeinrichtungen: Schmelzsicherung, Typ: LS-Schalter: B, C, K etc.; Schmelzsicherungen: gG, gL etc.

3 Prüfgleichspannung: 500 V, sofern nicht anders angegeben

Tabelle 1.1 Messwerttabelle für allgemeine elektrische Anlagen

Beispiel: Messwerttabelle

Die Tabelle 1.1 dokumentiert die im Rahmen der Prüfung durchgeführten Messungen. Die dort gelisteten Messergebnisse dienen ausschließlich dem Zweck der Dokumentation der Prüfung. Diese Tabelle stellt kein vollständiges Messprotokoll gemäß den Mindestangaben an einen Prüfbericht gemäß DIN VDE 0100-600 und DIN VDE 0105-100 Anhang NA (informativ) dar.

Der Prüfer/Sachverständige hat grundsätzlich die Messwerte auf Plausibilität zu prüfen. Weichen diese erheblich voneinander ab, ist dies als Abweichung im Prüfbericht zu dokumentieren. Werden keine Messungen durchgeführt, ist das ebenso zu dokumentieren.

Beispiel: Dokumentation zu Messungen

Messwerte werden nur aufgeführt, wenn unzulässige Abweichungen vom Sollwert festgestellt werden.

Es wurden im Rahmen der Begutachtung keine Messungen durchgeführt.

1.4 Mängel und Hinweise

Feststellungen, die von den aufgeführten Bewertungskriterien abweichen, sind als Mangel aufzuführen. Die Mangeleinstufung ist vom Prüfer unter Berücksichtigung der zutreffenden Regelwerke vorzunehmen. Bei Erstprüfungen elektrischer Anlagen bei Neuerrichtung sowie bei Erweiterung und Änderung bestehender Anlagen dürfen zusätzliche Empfehlungen für angemessene Reparaturen und Verbesserungen enthalten sein.

Grundsätzlich ist zwischen „Mangel“ und „Hinweis“ im Prüfbericht zu unterscheiden. Während ein Mangel eine klare Abweichung von einem Bewertungskriterium ist, hat ein Hinweis einen rein informativen Charakter.

1.4.1 Mängel

Ein Mangel muss klar einem Anlagenteil und einem objektiv belegbaren Sachverhalt zugeordnet werden können. Hier hat der Prüfer den Ort, den Anlagenteil und die entsprechende Feststellung klar zu beschreiben. In der Beschreibung der Feststellung ist in der Regel keine Wertung zum Sachverhalt enthalten. Bei Prüfungen und Abnahmen ist dies in der Regel für die Vorgehensweise der Prüfung/Begutachtung nicht relevant. Bei Gerichtsgutachten führt hingegen eine Wertung bei Beschreibung des Sachverhalts zur Anfechtbarkeit eines Gutachtens, da hier Feststellungteil und Bewertung klar voneinander zu trennen sind.

Da Abnahmen und Prüfungen im Sinne der DIN VDE 0100-600 und DIN VDE 0105-100/A1 nicht an Laien adressiert sind, erweist sich die Auflistung der Mängel mit der direkten Wertung in tabellarischer Form als praktikabel.

Neben der reinen Feststellung in Textform sollte der Mangel auch durch ein Foto dokumentiert sein. Erforderlichenfalls kann zur besseren und eindeutigen Zuordnung die Feststellung auch im Foto markiert werden. Im Beispiel (**Tabelle 1.2**) wird im ersten Satz ausschließlich die Feststellung beschrieben.

Im nächsten Schritt der Mängelbeschreibung erfolgt die Wertung. Die Wertung bezieht sich klar auf das zutreffende Schutzziel. Im Beispiel bezieht sich die Bewertung auf die unzureichende IP-Schutzart des Betriebsmittels. Hier wird bereits eine Wertung ohne Angabe einer Quelle hinsichtlich des Sachverhalts vorgenommen. Durch direktes oder indirektes Zitat der Norm wird die Feststellung und Aussage mit dem zutreffenden Bewertungskriterium verknüpft. Durch Nennung der normativen Anforderung ist auch klar beschrieben, dass die offene Leitungseinführung aus Sicht des Betriebsmittelherstellers und damit von der bestimmungsgemäßen Verwendung und den Umgebungsbedingungen abweicht.

Der letzte Absatz beschreibt eine Maßnahme, mit der der Mangel abgestellt werden kann. Allerdings sollte man als externer Prüfer und Sachverständiger solche Aussagen als *eine Möglichkeit* deklarieren. Die Festlegung von Maßnahmen sowie das Vorschreiben von bestimmten Produkten würde der Neutralität des Prüfers/Sachverständigen entgegenstehen und sind demnach unzulässig.

Beispiel: Mängelbeschreibung

Lfd-Nr.	Gebäude/Bereich/Anlage	Mängelbeschreibung	Einstufung
1	Werkstatt/ Dreherei/ hinter Fräsmaschine	Die nicht benutzten Leitungseinführungen des Betriebsmittels (Abzweigdose) sind nicht verschlossen.  Die vom Hersteller ausgewiesene IP-Schutzart des Betriebsmittels ist demnach beeinträchtigt. Nach DIN VDE 0100-520 Absatz 522.6.4 muss die Schutzart der Betriebsmittel nach Einführung der Kabel oder Leitungen erhalten bleiben. Gemäß DIN VDE 0100-420 sind in Räumen/an Orten mit leitfähigen Stäuben (feuergefährdete Betriebsstätte) die Betriebsmittel entsprechend der Schutzart IP6X zu verschließen. Die offenen Leitungseinführungen sind demnach mit geeigneten Maßnahmen (z.B. Blindverschraubungen) zur Herstellung der Schutzart von mindestens IP6X zu verschließen.	E

Tabelle 1.2 Beispiel einer tabellarischen Mängeldokumentation

Die Mängel sind entsprechend ihrer damit verbundenen Risiken vom Prüfer einzustufen. In der Praxis hat sich eine dreistufige Mangelklassifikation in folgende Stufen bewährt:

- geringfügiger Mangel,
- erheblicher Mangel,
- gefährlicher Mangel.

Hierzu sind im Prüfbericht die Einstufung der Mängel und evtl. die Abkürzungen zu beschreiben.

- Als „geringfügig" gelten in der Regel Mängel, die von den zutreffenden Errichtungsbestimmungen abweichen und keine unmittelbare Gefährdung auf lange Sicht hervorrufen.
- „Erhebliche" Mängel können zu einer Gefährdung führen, sie schnellstmöglich abzustellen.
- „Gefährliche" Mängel sind grundsätzlich Mängel, die zu einer direkten oder indirekten Gefährdung für Personen, Nutztiere oder Sachgütern führen können.

Die genaue Einstufung obliegt grundsätzlich dem Prüfer/Sachverständigen.

1.4.2 Hinweise

Hinweise können optional im Prüfbericht aufgeführt werden. Als Hinweise gelten in der Regel in Prüfberichten dokumentierte Sachverhalte, die nicht im festgelegten Prüfungsumfang enthalten sind oder nicht Gegenstand der ausgeführten Bewertungskriterien oder Prüfnormen sind. Typischerweise handelt es sich bei solchen Hinweisen um offensichtliche Gefahrenquellen, z. B. Absturz- und Stolperstellen sowie fehlende Schutzgitter etc., die durch Umsichtigkeit erkannt werden können.

Hinweise können Betreiber auch auf erforderliche technische oder organisatorische Maßnahmen im Rahmen der Betreiberpflichten aufmerksam machen, z. B.

- regelmäßiges Erproben der Testtaste von RCDs,
- nächste wiederkehrende Prüfung,
- weitere erforderliche Prüfungen (z. B. Maschinenschaltschränke, Blitzschutz, PV-Anlagen etc.),
- weitere Anforderungen durch Querschnittsthemen (baulicher Brandschutz etc.), sofern diese nicht im Prüfungsumfang enthalten sind,
- informative Hinweise, z. B. zur Mängelbeseitigung bei mehrfach sich wiederholenden Mängeln,
- Hinweise zu weiteren Prüfungen, etwa
  - VdS SK 2602, DGUV Vorschrift 3/4,
  - Prüfung ortsveränderlicher Geräte,
  - Prüfung der Feuerlöscher,
  - Prüfung der FSA etc.,
- Erfordernis einer Anpassung bzw. Erweiterung der Gefährdungsbeurteilung,
- offensichtlich festgestellte Nutzungsänderungen von Bereichen.

Hinweise ersetzen keine Mängel! In der Praxis kommt es häufig vor, dass Prüfer und Sachverständige fälschlicherweise offensichtliche und eindeutig den Bewertungskriterien zuzuordnende Mängel als „Hinweise und Bemerkungen“ im Prüfbericht aufführen.

II Ergänzende Prüfungen

2 Fundamenterder-Nachweise über die Wirksamkeit der Erdungsanlage gemäß DIN 18014 Abs. 7.2

Die Schutzmaßnahmen gegen elektrischen Schlag nach DIN VDE 0100-410 bauen auf einer niederohmigen Verbindung des PEN-Leiters zum Erdreich auf. Nach nationalem Anhang der DIN VDE 0100-540 ist in Deutschland in neu errichteten Gebäuden ein Fundamenterder nach der nationalen Norm DIN 18014 zu errichten. Der Nachweis über die korrekte Errichtung und Wirksamkeit ist bereits informativ in der derzeit aktuellen Ausgabe der DIN VDE 0100-600 „Erstprüfung elektrischer Anlagen" enthalten. In der neuen DIN VDE 0100-410 ist die Anforderung, einen Fundamenterder nach DIN 18014 zu errichten, verbindlich als Teil der Schutzmaßnahmen in TN-Systemen aufgenommen.

Grundsätzlich ist also in neu errichteten Gebäuden ein Fundamenterder zu errichten. Dieser dient

- dem Blitzschutz,
- der Schutzerdung von Antennenanlagen,
- der Schutz- und Funktionserdung von Erzeugungsanlagen und Speichern sowie
- zur Funktionserdung von Breitbandkabelnetzen und Telekommunikationsnetzen.

Des Weiteren erhöht der Fundamenterder die Wirksamkeit des Hauptpotentialausgleichs gemäß DIN VDE 0100-410. Außerdem dient er

- der Schutzerdung im TT-System,
- der Potentialausgleichssteuerung in Gebäuden,
- der elektromagnetischen Verträglichkeit und
- der Einhaltung der Spannungswaage.

Bei der Planung und Errichtung sind Rückwirkungen durch andere Erdungsanlagen zu berücksichtigen. Es sind z.B. Rückwirkungen durch Betriebs-, Ableit- oder Streuströme von Bahnanlagen auf das Niederspannungsnetz zu beachten. Zu Erdungsanlagen von Bahnanlagen ist ein Mindestabstand von 10 m einzuhalten.

Der Nachweis über die korrekte Errichtung und der Wirksamkeit ist bereits im informativen Anhang der derzeit aktuellen Ausgabe der DIN VDE 0100-600 „Erstprüfung elektrischer Anlagen“ enthalten. In der aktuellen Ausgabe der DIN VDE 0100-410 wurden die Anforderungen, einen Fundamenterder nach DIN 18014 zu errichten, verbindlich als Teil der Schutzmaßnahmen in TN-Systemen aufgenommen.

Zur Verbindung der Erdungsanlage sind Anschlussteile zwischen der Haupterdungsschiene für den Schutzpotentialausgleich, den zusätzlichen Potentialausgleichschienen, den Ableitungen des Blitzschutzsystems sowie sonstiger leitfähiger Teile der Konstruktion über die Haupterdungsschiene miteinander zu verbinden.

Die Durchgangsmessung ist zwischen dem Anschlussteil für die Haupterdungsschiene und allen anderen Anschlussstellen zu messen. Nach DIN 18014 Abs. 5.8. ist hierzu sicherzustellen, dass alle Anschlussstellen untereinander und an Fundament-/Ringerder bzw. Potentialausgleichsleiter einen niederohmigen Durchgang von höchsten 0,2 Ω betragen. Der Nachweis ist durch Messen der Durchgängigkeit mit einem Messgerät nach DIN EN 61557-4 (VDE 0413-4) innerhalb des minimalen Messbereichs von 0,2 A vor dem Einbringen des Betons zu messen.

Bei neu errichteten Gebäuden ist nach DIN 18014 Abs. 7 der Nachweis über die regelkonforme Errichtung der Erdungsanlage entsprechend den derzeit anerkannten Regeln der Technik zu erbringen. Der Nachweis erfolgt anhand der Dokumentation nach DIN 18014 Abs. 7.2:

- Ausführungspläne des Fundamenterders oder des Ringerders einschließlich des Funktionspotentialausgleichsleiters,
- aussagekräftige Fotografien der Gesamterdungsanlage,
- eindeutig zuzuordnende Detailaufnahmen der Verbindungsstellen, darunter der Haupterdungsschiene, Anschlussteile der Blitzschutzanlage,
- Ergebnisse der Durchgangsmessung nach DIN 18014 Abs. 7.3.

Im Rahmen der Prüfung ist grundsätzlich der Prüfumfang zu klären. In der Regel ist davon auszugehen, dass es sich beim Errichter der Kundenanlage und der Erdungsanlage um unterschiedliche Fachfirmen handelt. Deshalb sollte der Kundenanlagenerrichter stets die Nachweise der Wirksamkeit der Erdungsanlage in Form der Dokumentation einfordern, im Prüfbericht der Erstprüfung nach DIN VDE 0100-600 auf die Unterlagen verweisen und eine Kopie beifügen. Liegt keine Dokumentation vor, ist dies als Mangel aufzuführen.

3 Prüfung von Frequenzumrichtern nach DIN VDE 0100-410 Anhang D

Elektrische Anlagen und Betriebsmittel, darunter auch Halbleiterleistungs-Umrichtersysteme, sind nach DIN VDE 0100-100 Abs. 134.1.1 unter Berücksichtigung der Angaben der Betriebsmittelhersteller zu errichten. Die DIN EN 61140 (DIN VDE 0140-1) legt gemeinsame Anforderungen an den Schutz gegen elektrischen Schlag an Betriebsmittel und ortsfesten elektrischen Anlagen fest. Nach den Grundsätzen der DIN EN 61140 (DIN VDE 0140-1) Abs. 4.1 dürfen weder unter normalen Bedingungen bei bestimmungsgemäßer Verwendung noch unter einem Einzelfehler aktive Teile nicht berührbar sein und berührbare Teile nicht zu aktiven Teilen werden.

Umrichter werden sowohl in elektrischen Anlagen der Versorgungstechnik als auch für den Einbau in Maschinen verwendet. Hier ist zuvor der Anwendungsbereich zu klären. Handelt es sich bei der Anwendung um eine elektrische Anlage, z. B. Anlagen der Versorgungstechnik, sind die Anforderungen der DIN VDE 0100-Reihe zu beachten. Ist der Umrichter Teil einer Maschine, fällt die Herstellung in den Anwendungsbereich der DIN EN 60204-1 (VDE 0113-1).

Die Einstufung als Maschine oder elektrische Anschlag ist in Band 1, Kapitel 14 *Maschine oder Anlage*, beschrieben.

Ein Leistungshalbleiter-Umrichtersystem (**Bild 3.1**) besteht aus einem Leistungsumrichter, einem Antrieb sowie der Kabel- und Leitungsanlage zwischen den Ausgangsklemmen des Umrichters und den Anschlussklemmen des Motors. Nicht rückspeisefähige Umrichter sind seitens des Anschlusses am Versorgungsstromkreis wie jedes fest angeschlossene Verbrauchsmittel zu betrachten. Umrichter und Motor sind vom Hersteller in Verkehr ge-

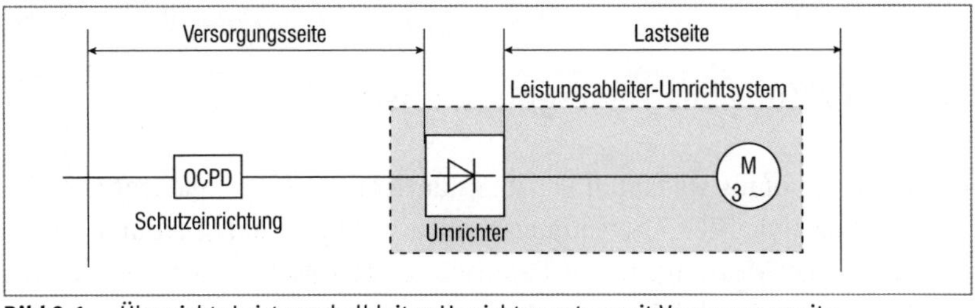

Bild 3.1 Übersicht: Leistungshalbleiter-Umrichtersystem mit Versorgungsseite

bracht. Hierfür haben die Hersteller eine Konformitätserklärung erstellt, eine CE-Kennzeichnung angebracht und über die Montage- und Bedienungsanleitung die bestimmungsgemäße Verwendung festgelegt. Anschlussseitig kommt die Schutzmaßnahme „Schutz durch automatische Abschaltung im Fehlerfall“ nach DIN VDE 0100-410 Abs. 411 für TN-Systeme zur Anwendung. Da bei neu errichteten Anlagen die Auftrennung des PEN-Leiters der Versorgungsseite unmittelbar an erstmöglicher Stelle im Gebäude bzw. bei der Einspeisung der Kundenanlage zu erfolgen hat, handelt es sich beim Versorgungsstromkreis um ein TN-S-System.

Grundsätzlich beschreibt der Hersteller des Frequenzumrichters die Maßnahmen zur Sicherstellung der Schutzmaßnahmen gegen elektrischen Schlag nach DIN VDE 0100-410 sowohl für die Last- als auch Verbraucherseite. Im Rahmen der Prüfung sind die erforderlichen Schutzvorkehrungen in Übereinstimmung mit der Montage- und der Bedienungsanleitung des Umrichterherstellers zu prüfen. Die Herstellerangaben sind ergänzend zu den Anforderungen der zutreffenden Teile der DIN VDE 0100-Reihe zu beachten und dürfen sich nicht gegenseitig ausschließen oder beeinträchtigen.

Bei Erst- und Wiederholungsprüfungen ist sowohl bei elektrischen Anlagen als auch bei Maschinen der Schutz durch automatische Abschaltung im Fehlerfall versorgungsseitig und lastseitig sicherzustellen.

Vor der Prüfung ist die zutreffende Prüfgrundlage zu klären. Die Prüfgrundlagen können sich hier je nach Anwendungsbereich hinsichtlich der Schnittstellen zwischen dem Stromversorgungssystem, dem Einbau und Montageort des Frequenzumrichters und dem Anschluss des Motors (Antrieb) unterscheiden. Es wird zwischen den folgenden Prüfschritten unterschieden:

- Prüfung des Versorgungsstromkreises von der Unterverteilung bis zu den Netzanschlussklemmen des Umrichters und
- Prüfung ab den Ausgangsklemmen des Umrichters bis zu den Motoranschlussklemmen.

3.1 Prüfung des Versorgungskreises

Bei Motoren ohne Halbleiter-Leistungsumrichter ist der Sachverhalt eindeutig. Hier endet der Anwendungsbereich der Erstprüfung an den Motorklemmen. Die Messungen sind demnach an den Motoranschlussklemmen durchzuführen. Bei Halbleiter-Leistungsumrichtersystemen endet der Stromkreis an den Anschlussklemmen des Leistungsumrichters. Die Ausgangsseite zwischen Umrichter und Motor ist getrennt zu betrachten (siehe **Bild 3.2**).

Auf der Versorgungsseite ist der Schutz durch automatische Abschaltung im Fehlerfall nach DIN VDE 0100-600 Absatz 61.3.6.1 in TN- und TT-Systemen die Einhaltung der Anforderungen aus DIN VDE 0100-410 Abs. 411.3.2 nachzuweisen (siehe **Bild 3.3**).

Der Umrichter muss zudem für die Umgebungsbedingungen und den Einsatzzweck laut Herstellerangaben geeignet sein. Die Eignung kann sich auf die vorliegende Anwendung und die Aufstellbedingungen beziehen. Im Einzelnen sind folgende Prüfschritte durchzuführen:

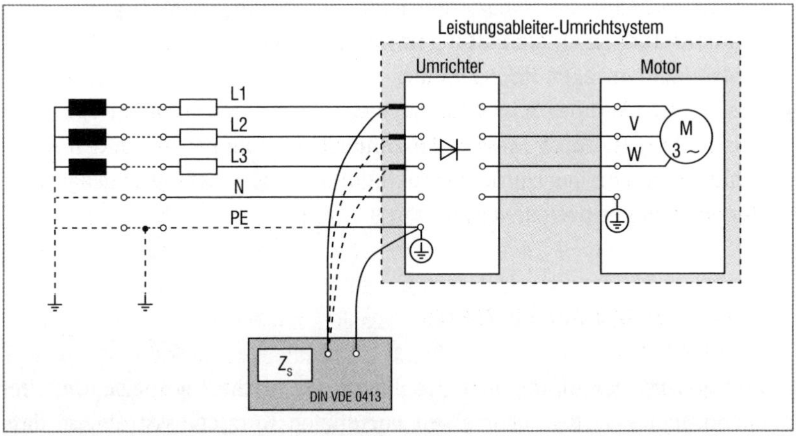

Bild 3.2 Messung der Fehlerschleifenimpedanz an der Eingangsseite eines Umrichters zum Nachweis der automatischen Abschaltung im Fehlerfall in einem TN-System

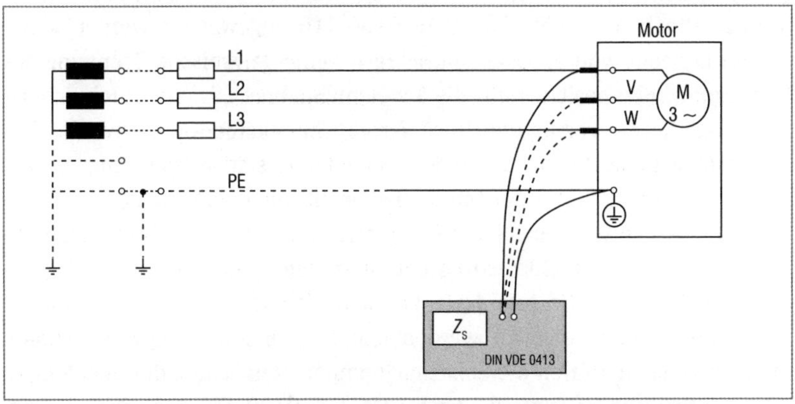

Bild 3.3 Messung der Fehlerschleifenimpedanz am Motorklemmbrett zum Nachweis der automatischen Abschaltung im Fehlerfall in einem TN-System

- Besichtigen des Versorgungsstromkreises hinsichtlich der erforderlichen Leiterquerschnitte und Schutzeinrichtungen sowie des Aufstell- und Montageorts in Übereinstimmung mit den Anforderungen nach DIN VDE 0100 und den Herstellerangaben gemäß Montage- und Bedienungsanleitung:
  - Netzform des Stromkreises (TN-/TT-System),
  - Umgebungs- und Aufstellbedingungen, darunter erforderliche Abstände zu anderen Betriebsmitteln,
  - Auswahl der Schutzvorkehrung [RCD Typ A/Typ B, maximaler Bemessungsstrom des Stromkreises, siehe auch Band 2, Abschnitt 5.4.2 *Auswahl von Fehlerstrom-Schutzeinrichtungen (RCD)*],
  - Anforderungen an die Lüftung und Kühlung etc.,
  - Maßnahmen gegen Restspannung,
- Die Wirksamkeit der Schutzmaßnahme: Schutz durch automatische Abschaltung ist durch Messen der Fehlerschleifenimpedanz an den Anschlussklemmen des Umrichters und durch Messen der Durchgängigkeit der Schutzleiter nachzuweisen.

3.2 Prüfung der Lastseite

Lastseitig wird der Motor über den Frequenzumrichter gespeist. Der Frequenzumrichter verfügt über einen begrenzten Kurzschlussstrom, so dass Schutz durch automatische Abschaltung durch eine Überstrom-Schutzeinrichtung nicht sichergestellt ist. Nun wäre zu prüfen, ob eine andere Schutzmaßnahme gemäß DIN VDE 0100-410 angewendet werden kann. Da die Lastseite von Frequenzumrichtern keine galvanische Trennung zur Versorgungsseite besitzt, stellt die Schutzmaßnahme „Schutz durch Schutztrennung" für die Versorgung eines Verbrauchers keine Alternative dar. Die Schutzmaßnahme „Schutz durch doppelte oder verstärkte Isolierung" ist aufgrund der Schutzklasse 1 der Motoren ebenfalls nicht anwendbar.

Kann bei Leistungshalbleiter-Umrichtersystemen und -Betriebsmitteln mit begrenztem Kurzschlussstrom mit einer Nennspannung $U_0 > 50$ V (AC) oder > 120 V (DC) die geforderte Abschaltzeit nach DIN VDE 0100-4100 Abs. 411.3.2 nicht erreicht werden und sind andere Schutzmaßnahmen nicht anwendbar, dürfen die Ersatzmaßnahmen zum Schutz durch automatische Abschaltung im Fehlerfall nach DIN VDE 0100-410 Anhang D.2 angewendet werden.

Die Ausgangsspannung auf der Lastseite des Umrichters ist die Versorgungsspannung des Leistungshalbleiter-Umrichtersystems. Liegt hier ein Fehler mit vernachlässigbarer Impedanz gegen Erde vor, muss innerhalb der erforderlichen Abschaltzeiten nach DIN VDE 0100-410 Abs. 411.3.2 der Leistungsumrichter die Spannung abschalten oder auf unterhalb 50 V (AC) bzw. 120 V (DC) absenken und innerhalb von fünf Sekunden die Spannungsversorgung abschalten. Der Hersteller des Leitungsumrichters hat u. a. den Leitungsumrichter nach DIN EN 62477-1 (VDE 0558-477-1) zu konstruieren und über eine Herstellererklärung die Übereinstimmung mit den Schutzmaßnahmen nach DIN VDE 0100-410 Anhang D bzw. nach DIN EN 60204-1 zu bestätigen.

Die Prüfung des Umrichtersystems zwischen den Ausgangsklemmen des Leistungsumrichters und den Anschlussklemmen des Motors stellt ein klassisches Schnittstellenthema zwischen Herstellern, Errichtern und Betreibern dar. Zum einen ist der Umrichter ein fest angeschlossenes Betriebsmittel. Zum anderen steht an den Ausgangsklemmen auf der Lastseite der Umrichter eine Versorgungsspannung bereit, die eine Schutzmaßnahme im Sinne der DIN VDE 0100-410 Anhang D darstellt.

In diesem Fall ist bei der Prüfung zum Nachweis der Schutzmaßnahmen gegen elektrischen Schlag wie folgt vorzugehen:

- Prüfung der Herstellererklärung des Umrichters,
- Wurde der Anschluss am Umrichter (ausgangsseitig) gemäß den Herstellervorgaben angeschlossen? Hierzu sind insbesondere folgende Aspekte zu berücksichtigen:
  - Leiterquerschnitte,
  - Leitungstyp (geschirmt/ungeschirmt),
  - Schutzleiteranschlüsse und Schirmungsmaßnahmen,
  - zulässige Leitungslängen unter Berücksichtigung der Herstellerangaben und der Verlegebedingungen,
  - Einhaltung der maximalen Impedanz der Schutzerde,
- Prüfung der Auswahl des Motors zum Leistungsumrichter,
- Prüfung der Angaben auf dem Motortypenschild in Verbindung mit den Ausgangsgrößen (Spannung, Strom, Frequenz etc.) des Leistungsumrichters,
- Messung der Durchgängigkeit der Schutzleiterverbindungen zwischen Leistungsumrichter und Motor,
- Prüfung der Anforderungen an den zusätzlichen Schutzpotentialausgleich.

3.3 Umgang mit Umrichtersystemen eines Herstellers

Werden Leistungsumrichter und Motor von einem (System-)Hersteller am Markt bereitgestellt, gelten sie bis zur Montage in einer Maschine als eine Kombination von mehreren nicht verwendungsfertigen Betriebsmitteln. Hier ist der Errichter in der Verantwortung, die Komponenten zu einer elektrische Anlage im Anwendungsbereich der DIN VDE 0100-Reihe und unter Berücksichtigung der Herstellerangaben gemäß DIN VDE 0100-100 Abs. 132 zusammenzufügen. Fraglich ist allerdings, ob das Leistungsumrichtersystem – bestehend aus einem Umrichter, der Leitung und dem Motor – als ein Betriebsmittel zu betrachten ist, das vor Ort zu einer verwendungsfertigen Einheit zusammengebaut wird. Letztlich stellt sich hier die Frage der Haftung:

- Handelt es sich beim Leistungsumrichtersystem um ein Betriebsmittel, das gemäß den Herstellervorgaben zu einer verwendungsfertigen Einheit komplettiert wird, oder
- sind Leistungsumrichter und Motor jeweils als eigenständiges Betriebsmittel zu betrachten, die der Errichter zu einer elektrischen Anlage komplettiert?

In jedem Fall sind die Schnittstellen zwischen Errichter und Hersteller zu klären. Beim Einbau in eine Maschine im Anwendungsbereich der DIN EN 60204-1 hat der Maschinenhersteller bzw. der, der als Hersteller einer Gesamtheit von Maschinen gilt, eine Konformitätserklärung nach Maschinenrichtlinie 2006/42/EG auszustellen. In diesem Fall können der Motor und der Leitungsumrichter eines von mehreren CE-konformen Betriebsmitteln unter Berücksichtigung der bestimmungsgemäßen Verwendung zu einer Maschine zusammengebaut werden. In diesem Fall ist der Maschinenhersteller in der Herstellerverantwortung.

3.4 Erforderliche Herstellerangaben

Bei Anwendung der Schutzmaßnahme „Schutz durch automatische Abschaltung der Stromversorgung“ nach DIN VDE 0100-410, Abschnitt 411 wird die Angabe einer Methode der Erst- und Wiederholungsprüfung in Anhang D bei Leistungshalbleiter-Umrichtersystemen und -Betriebsmitteln gefordert.

Für BDM/CDM/PDS nach DIN EN 61800-5-1 (VDE0160-105-1) muss der Hersteller folgendes angeben:

a) Typ und Charakteristik der externen Schutzeinrichtungen oder
b) Vorhandensein einer integrierten elektronischen Schutzfunktion, welche die Anforderungen nach DIN VDE 0100-410 (VDE 0100-410), Abschnitt 411.3.2 und Anhang D erfüllt, oder
c) die Notwendigkeit eines zusätzlichen Schutzpotentialausgleichs gemäß DIN VDE 0100-410 (VDE 0100-410), Abschnitt 415.2.

Zusätzlich sind die Bedingungen bei der Anwendung von elektrischen Kurzschlussschaltungen anzugeben. Dies umfasst z. B.

- die Begrenzung der Kabellänge zum Motor,
- den Mindestleiterquerschnitt des/der Kabel zum Motor (Außenleiter, Schutzleiter),
- Kabeltyp und Anforderungen an die Kabelschirmungen (sofern zutreffend),
- den Typ des Erdungssystems der Versorgung,
- die maximale Impedanz der Schutzerde.

Die o. g. Informationen sind als Teil der technischen Dokumentation der Anlage für die Durchführung von Erst- und Wiederholungsprüfungen bereitzustellen.

4 Prüfen von Stromversorgungssystemen zum Laden von Elektrofahrzeugen

Anschlusspunkte zum Laden von Elektrofahrzeugen sind Teil der ortsfesten elektrischen Anlage. Die Stromkreise, die zum Laden von Elektrofahrzeugen vorgesehen sind, müssen mit den Anforderungen nach DIN VDE 0100-722 zwischen Schutzeinrichtung und Anschlusspunkt übereinstimmen. Die Stromkreise sind bei Neuerrichtung, einer Nutzungsänderung eines bestehenden Stromkreises und Erweiterung der bestehenden elektrischen Anlage einer Erstprüfung nach DIN VDE 0100-600 durch den Errichter zu unterziehen. Im Betrieb sind Prüfungen in bestimmten Zeitabständen nach DIN VDE 0105-100 durchzuführen. Die Durchführung obliegt dem Betreiber.

Es sind zudem neben den gesetzlichen und privatrechtlichen Anforderungen u. a. folgende Bewertungskriterien zu beachten:

- Verordnung über Allgemeine Bedingungen für den Netzanschluss und dessen Nutzung für die Elektrizitätsversorgung in Niederspannung (Niederspannungsanschlussverordnung – NAV)
- Technische Anschlussbedingungen (TAB)
- Betriebssicherheitsverordnung (BetrSichV)
- VDE-AR-N 4100:2019-04 Technische Regeln für den Anschluss von Kundenanlagen an das Niederspannungsnetz und deren Betrieb (TAR Niederspannung)
- VDE-AR-N 4105 Erzeugungsanlagen am Niederspannungsnetz – Technische Mindestanforderungen für Anschluss und Parallelbetrieb von Erzeugungsanlagen am Niederspannungsnetz
- DIN VDE 0100-600:2017-06 Errichten von Niederspannungsanlagen – Teil 6: Prüfungen
- DIN VDE 0100-718:2014-06 Errichten von Niederspannungsanlagen – Teil 7-718: Anforderungen für Betriebsstätten, Räume und Anlagen besonderer Art – Öffentliche Einrichtungen und Arbeitsstätten
- DIN VDE 0100-722:2019-06 Errichten von Niederspannungsanlagen – Teil 7-722: Anforderungen für Betriebsstätten, Räume und Anlagen besonderer Art – Stromversorgung von Elektrofahrzeugen
- Anforderungen an den Blitz- und Überspannungsschutz (DIN VDE 0100-443)

- Anforderungen hinsichtlich der elektromagnetischen Verträglichkeit (DIN VDE 0100-444, EMV-Dokumentation)
- DIN EN 50620 (VDE 0285-620):2017-11 Ladeleitungen für Elektrofahrzeuge
- DIN VDE 0298-4:2013-06 Verwendung von Kabeln und isolierten Leitungen für Starkstromanlagen – Teil 4: Empfohlene Werte für die Strombelastbarkeit von Kabeln und Leitungen für feste Verlegung in und an Gebäuden und von flexiblen Leitungen

Es muss zwischen den unterschiedlichen Anschlussfällen unterschieden werden:

- Bei den Anschlussfällen A und B ist der Anschlusspunkt eine handelsübliche Haushalts- oder Industriesteckdose. Die Prüfung erstreckt sich im Rahmen der ortsfesten elektrischen Anlage wie bei Stromkreisen der allgemeinen Stromversorgung bis zur Steckdose.
- Beim Anschlussfall C ist aufgrund des in der Steckvorrichtung integrierten Pilotkontakts ein Adaptermessgerät zur Simulation eines Elektrofahrzeugs erforderlich.
- Die Anschlussfälle D und E durch Systeme mit automatischem Verbindungsaufbau sind gesondert zu betrachten. Hier sind weitere Anforderungen hinsichtlich der Verkehrssicherheit von Personen und des Nutzerkreises zu beachten.
- Induktive Ladeeinrichtungen sind fest angeschlossene Betriebsmittel. Es sind zusätzliche Anforderungen an elektrische und magnetische Felder zu beachten.

4.1 Besichtigen

Vor dem Erproben und Messen ist eine Besichtigung durchzuführen. Das Besichtigen des Ladesystems sowie des übergeordneten Stromkreises dient zur Bestätigung, dass die Sicherheitsanforderungen des leitungsgebundenen Ladesystems nach DIN EN 61851-1 (VDE 0122-1) erfüllt wurden und entsprechend der Herstellerangaben installiert wurde. Dies kann in Form der Angaben auf dem Typenschild, der Angaben in der Betriebsanleitung sowie gemäß Anhang „Kennzeichnungen und Zertifikate“ erfolgen.

Die Installation des Ladesystems hat neben der Einhaltung der VDE-Bestimmungen unter Berücksichtigung der Herstellervorgaben zu erfolgen. Die erforderlichen Angaben hinsichtlich des Leitungsquerschnitts, der Art der Schutzeinrichtung etc. ist aus der Montage- und Bedienungsanleitung des Ladesystems zu entnehmen. Es ist insbesondere auf folgende Aspekte zu achten:

- Aufstellung des Ladesystems in Bezug auf die Schutzart und den Aufstellungsort,
- Erfordernis weiterer Vorkehrungen gegen mechanische Beschädigungen (z. B. Rammschutz),
- Auswahl der Aufstellung, so dass das Risiko einer Beschädigung des Ladesystems möglichst gering ist und gleichzeitig das Risiko durch Stolpern geringgehalten wird.

Grundsätzlich sind die Schutzmaßnahmen gegen elektrischen Schlag nach DIN VDE 0100-410 zu überprüfen. Ladesysteme bzw. Stromkreise zur Versorgung der Ladesysteme sind in Übereinstimmung der Anforderungen nach DIN VDE 0100-722 und DIN EN 61851-1 zu überprüfen. Hier findet die Schutzmaßnahme „Schutz durch automatische Abschaltung im Fehlerfall“ Anwendung. Hierzu ist der korrekte Anschluss der Körper an die Erdungsanlage zu prüfen. Dies beinhaltet vor allem:

- Auswahl und Anordnung der Schutzvorkehrungen,
- Bemessung, Anordnung und Leiterquerschnitte des Schutzleitersystems nach DIN VDE 0100-540,
- Schutzmaßnahmen gegen direktes Berühren,
- Aufteilung der Stromkreise,
- Auswahl der Steckvorrichtungen, Kabel und Leitungen,
- Eignung der Fehlerstrom-Schutzeinrichtungen hinsichtlich der Höhe und Art der Fehlerströme,
- bei ACD-Systemen Anforderungen hinsichtlich des Schutzes durch Abstand in Kombination mit den Anforderungen der funktionalen Sicherheit.

Es sind zudem die Maßnahmen zum Schutz gegen thermische Einflüsse sowie das Vorhandensein von Brandschottungen zu prüfen. Grundsätzlich sind Leitungsdurchführungen durch Wände und Decken entsprechend der Feuerwiderstandsdauer des Raums zu verschließen. Insbesondere sind die Anforderungen nach DIN VDE 0100-520 und DIN VDE 0100-420 sowie die zutreffenden Verordnungen einzuhalten.

Bei induktiven Ladesystemen müssen zudem die Anforderungen hinsichtlich der elektromagnetischen Verträglichkeit sowie die Maßnahmen zum Schutz von Menschen und Nutztieren hinsichtlich der Auswirkungen von elektromagnetischen Felder beachtet werden.

Kabel und Leitungen sind hinsichtlich der Strombelastbarkeit mit einem Gleichzeitigkeitsfaktor $g = 1$ zu dimensionieren. Der höchste zulässige Spannungsfall ist aus den zutreffenden Vorgaben, z. B. nach NAV, VDE-AR-N 4100, DIN VDE 0100-520, DIN VDE 0298-4 und DIN 18015-1, zu entnehmen.

Für Wohngebäude sind im Hauptstromversorgungssystem die Anforderungen gemäß § 13 NAV in Verbindung mit VDE-AR-N 4100 einzuhalten. Demnach darf der Spannungsfall im Hauptstromversorgungssystem höchstens 0,5 % betragen. Für Wohngebäude liegt für den zulässigen Spannungsfall ein Bemessungsstrom von mindestens 63 A zugrunde.

Es ist die Auswahl, Einstellung, Selektivität und Koordinierung von Schutz- und Überwachungsgeräten in Übereinstimmung nach DIN VDE 0100-530 Abs. 535 zu prüfen. Befinden sich die Überstrom-Schutzeinrichtungen der Stromversorgungskreise für Ladeeinrichtungen im anlagenseitigen Anschlussraum des Zählerplatzes nach DIN VDE 0603-1 und in Trafonähe, müssen die Kurzschluss-Schutzeinrichtungen über ein Kurzschlussausschaltvermögen von mindestens 10 kA verfügen. Beim Einbau im Stromkreisverteiler sind 6 kA ausreichend. Hierzu sind die Anforderungen des zuständigen Netzbetreibers zu beachten.

Der Trenntransformator muss bei Anwendung der Schutzmaßnahme Schutztrennung mit der Herstellernorm DIN EN 61558-2-4 (VDE 0570-2-4) übereinstimmen.

Es ist die Auswahl, Anordnung und Errichtung der Überspannungs-Schutzeinrichtungen (SPDs) zu prüfen. Bei öffentlichen Anschlusspunkten, in Gewerbe und Industrie ist das Vorhandensein von Überspannungs-Schutzeinrichtungen sowie die korrekte Verschaltung gemäß den Anforderungen nach VDE-AR-N 4100 und DIN VDE 0100-443 zu prüfen.

Ladeeinrichtungen im Freien können außerhalb des Schutzwinkels von Blitzschutzanlagen der benachbarten Gebäude liegen. Hier ist der äußere und innere Blitzschutz der Ladestation aufeinander abzustimmen.

Es ist die Anordnung der Betriebsmittel unter Berücksichtigung mechanischer Beanspruchungen zu prüfen. Hierzu zählt insbesondere bei Außenraumnutzung die Schutzart der Ladesysteme, der Schutz gegen Kollisionen mit Elektrofahrzeugen durch Rammblöcke (Poller) oder alternativ die Anordnung der Betriebsmittel, sodass das Risiko einer Kollision weitestgehend vermieden wird. Die Notwendigkeit eines Erschütterungssensors (Crash-Sensor) als zusätzliche Maßnahme ist zu überprüfen.

Zudem sind die Maßnahmen gegen elektromagnetische Störungen nach DIN VDE 0100-444 zu überprüfen. Konduktive Ladesysteme müssen nach Niederspannungsrichtlinie 2014/35/EU und EMV-Richtlinie 2014/30/EU in den Verkehr gebracht werden. Bei bestimmungsgemäßer Installation und Verwendung kann davon ausgegangen werden, dass Störeinkopplungen ausgeschlossen werden können. Die Anforderungen hinsichtlich der Netzrückwirkungen nach VDE-AR-N 4100 Abs. 5.4 sind zu beachten.

Grundsätzlich sind Betreiber gegenüber dem Beschäftigen im Rahmen des Arbeitsschutzes in der Pflicht, eine Gefährdungsbeurteilung zu erstellen. Hierzu hat der Arbeitgeber insbesondere bei induktiven Ladeeinrichtungen die Gefährdungen durch elektrische und magnetische Felder zu beurteilen und Maßnahmen gemäß Arbeitsschutz festzulegen. Zudem sind Betreiber in der Pflicht, die notwendige, auf aktuellem Stand gehaltene Dokumentation nach § 4 Abs. 2 Satz 2 EMVG für Kontrollen der Bundesnetzagentur zur Einsicht bereitzuhalten.

4.2 Dokumentation

Schaltpläne und Zeichnungen müssen in geeigneter Form Auskunft über Art und Aufbau der Ladeeinrichtung und des Stromversorgungssystems geben. Der Einbauort, die Einstellwerte und die vorgesehenen Funktionen der Schutz-, Trenn- und Schalteinrichtungen müssen ersichtlich sein.

Für Ladestationen sowie für Systeme mit automatischem Verbindungsaufbau und induktiven Ladeeinrichtungen sind weitere Dokumente erforderlich:

- Unterlagen und erforderliche Datenblätter nach VDE-AR-N 4100, insbesondere zu Anforderungen an den Betrieb von Ladeeinrichtungen für Elektrofahrzeuge nach Abschnitt 10.6 und Zählerschränke im Freien,
- Anmeldung bzw. die erforderliche Zustimmung des Netzbetreibers gemäß § 19 (2) NAV,
- Unterlagen und erforderliche Datenblätter nach VDE-AR-N 4105 bei rückspeisefähigen Ladesystemen,
- Anmeldeprotokoll nach LSV bei öffentlich zugänglichen Ladesäulen,
- Konformitätsnachweise,
- Not-Aus-Konzept,
- Betriebs- und Montageanleitungen mit Wartungsangaben für das Ladesystem,

- Datenblätter der Steckvorrichtungen,
- Schaltpläne,
- Übersichtspläne,
- Nutzerinformationen (falls erforderlich),
- Messprotokoll nach DIN VDE 0100-600,
- EMV-Dokumentation nach § 4 Abs. 2 Satz 2 EMVG,
- Blitz und Überspannungsschutz.

4.3 Erproben

Das Erproben umfasst nach DIN VDE 0100-600 Abs. 6.4.3.10 u.a. eine Funktionsprüfung. Hierbei sind seitens der ortsfesten elektrischen Anlage und der Ladestation Funktionen zu erproben:

- Funktion von Fehlerstrom-Schutzeinrichtungen (RCDs) durch Betätigen der Prüftaste,
- Schutzeinrichtungen/Schutzrelais,
- Funktion der Isolationsüberwachungseinrichtungen (IMDs) durch Betätigen der Prüftaste,
- Melde- und Anzeigeeinrichtungen,
- alle Not-Aus-Betätigungselemente (bei Gleichstromladeeinrichtungen),
- automatische Abschaltung bei Öffnen der Türen.

Mittels eines Prüfadapters zur Fahrzeugsimulation sind Betriebszustände aus **Tabelle 4.1** zu erproben.

Ladezustand		Status der Ladeeinrichtung
A	kein Fahrzeug angeschlossen	keine Freigabe der Ladespannung
B	Fahrzeug angeschlossen, Fahrzeug nicht bereit zum Laden	
C	Fahrzeug angeschlossen und bereit zum Laden, Belüftung des Ladebereichs ist nicht gefordert	Ladevorgang wird freigegeben und Laden beginnt
D	Fahrzeug angeschlossen und bereit zum Laden, Belüftung des Ladebereichs ist nicht gefordert	Ladevorgang wird freigegeben und Laden beginnt sofern die Lüftung in Betrieb ist
E	Fehler	Ladevorgang wird unterbrochen

Tabelle 4.1 Betriebszustände von Ladeeinrichtungen

4.4 Messen

Die Erstprüfung umfasst nach DIN VDE 0100-600 folgende Messungen:

- Durchgängigkeit der Leiter,
- Isolationswiderstand,

- Isolationswiderstand zur Bestätigung des Schutzes durch Schutztrennung,
- Prüfung der Spannungspolarität,
- Prüfung zur Bestätigung der Wirksamkeit des Schutzes durch automatische Abschaltung der Stromversorgung,
- Prüfung der Wirksamkeit des zusätzlichen Schutzes,
- Prüfung der Phasenfolge der Außenleiter,
- Spannungsfall.

Bei der Ladebetriebsart 3 ist der genormte Fahrzeugstecker beim Anschlussfall C fest mit der ortsfesten elektrischen Anlage verbunden. Demnach stellt dieser den Anschlusspunkt dar. Zur Freigabe der Ladespannung benötigt die Ladestation über die Pilotfunktion (CP) ein Freigabesignal. Während des Ladebetriebs findet hierüber die Kommunikation mit dem Elektrofahrzeug statt. Zum Erproben und Messen am Anschlusspunkt ist bei der Ladebetriebsart 3 ein Prüfadapter zur Fahrzeugsimulation (Pilotfunktion (CP) nach DIN EN 61851-1 (VDE 0122-1)) erforderlich.

4.4.1 Durchgängigkeit der Leiter

Die Durchgängigkeit ist zwischen den Schutzleitern, einschließlich der Schutzpotentialausgleichsleiter und den Körpern der Ladestationen/Wallboxen der Schutzklasse 1, bis zum Anschlusspunkt zu messen. Dieser ist im Anschlussfall C bei den Ladebetriebsarten 3 und 4 der Schutzkontakt des Ladesteckers.

Zur Messung der Durchgängigkeit der Schutzleiter (**Bild 4.1**) ist ein Messgerät nach DIN EN 61557-4 (VDE 0413-4):2007-01 erforderlich. Der Prüfstrom darf nach VDE 0413 Abs. 4.2 im minimalen Messbereich einen

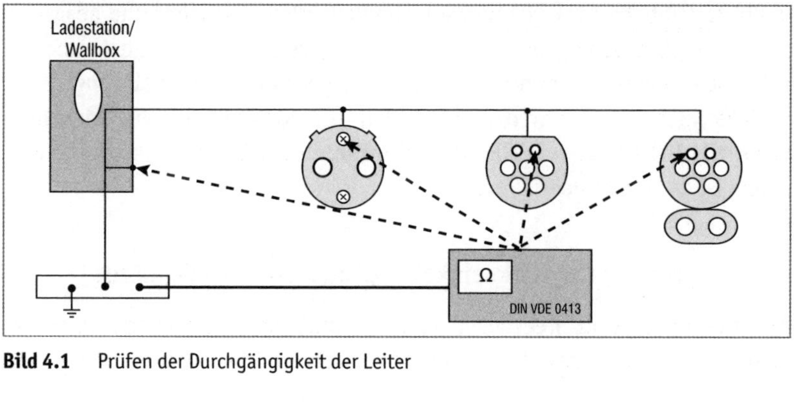

Bild 4.1 Prüfen der Durchgängigkeit der Leiter

Wert von 0,2 A nicht unterschreiten. Die Betriebsmessunsicherheit bei der Messung liegt bei 30 % und ist bei der Bewertung mit zu berücksichtigen.

4.4.2 Prüfung der Spannungspolarität und Phasenfolge der Außenleiter

Die Prüfung der Spannungspolarität und Phasenfolge dient dem Nachweis des korrekten Anschlusses des Ladepunkts. Für die Messung an Ladepunkten mit Wechsel- und Gleichstromstecker ist über den Prüfadapter zur Fahrzeugsimulation (Pilotfunktion (CP)) die Ladespannung freizugeben, damit eine Messung erfolgen kann. Die Spannungspolarität und Phasenfolgen müssen mit den zutreffenden normativen Vorgaben der Ladestecker und den Ladespannungen des Ladesystems übereinstimmen.

4.4.3 Prüfung der Wirksamkeit der automatischen Abschaltung im Fehlerfall

Stromkreise, die zum Laden von Elektrofahrzeugen vorgesehen sind, sind versorgungsseitig als TN-S-System auszuführen. Bei AC-Anschlusspunkten ist der Schutz durch automatische Abschaltung mit einer Fehlerstrom-Schutzeinrichtung mit einem Bemessungsfehlerstrom von höchstens 30 mA zu realisieren. Die Auswahl der Schutzeinrichtung ist unter Berücksichtigung der Ladebetriebsart, des Ladesystems und der Anschlussart durch Besichtigen zu prüfen.

Die Wirksamkeit der Schutzmaßnahmen durch automatische Abschaltung im Fehlerfall im TN-System ist nachgewiesen, wenn bei einem Fehlerstrom von 30 mA die Fehlerstrom-Schutzeinrichtung innerhalb der nach DIN VDE 0100-410 Tabelle 41.1 geforderten Abschaltzeiten abschaltet und ausgangsseitig die Durchgängigkeit der Schutzleiter gegeben ist. Zusätzlich sind bei Fehlerstrom-Schutzeinrichtungen (RCDs) vom Typ B die Auslösungen mit Gleichfehlerströmen durchzuführen. Für die Messung ist ein Messgerät nach DIN EN 61557-6 (VDE 0413-6) erforderlich. Die Betriebsmessabweichung ist zu berücksichtigen.

4.4.4 Prüfung der Wirksamkeit des zusätzlichen Schutzes

AC-Ladepunkte sind Steckdosen in Endstromkreisen, die durch Laien bedient werden. Bei einem Bemessungsstrom bis zu 32 A (AC) erfüllt der RCD neben dem Schutz durch automatische Abschaltung den zusätzlichen Schutz gemäß DIN VDE 0100-410. Hier ist der Nachweis durch die Auswahl der Schutzeinrichtung und Betätigen der Prüftaste zu erbringen.

4.4.5 Isolationswiderstand

Der Isolationswiderstand ist wie folgt zu messen:

- zwischen den aktiven Leitern und
- zwischen aktiven Leitern und dem Schutzleiter.

Ladesysteme sind je nach Ladebetriebsart galvanisch mit dem Stromversorgungssystem verbunden oder können über einen Trenntransformator galvanisch vom Versorgungsstromkreis getrennt sein.

Ladesysteme der Ladebetriebsarten 3 und 4 im Anschlussfall C sowie Inverter bei induktiven Ladesystemen stellen im Hinblick auf das Stromversorgungssystem eigenständige, fest angeschlossene Betriebsmittel dar. Der Stromkreis des Ladesystems erstreckt sich von der Schutzeinrichtung des Stromkreises über die Leitung und endet anlagenseitig an den Anschlussklemmen des Ladesystems. Diese Systeme verfügen teilweise über integrierte Überspannungs-Schutzeinrichtungen, die das Messergebnis verfälschen können. In diesem Fall ist es zweckdienlich, die Messungen des Stromkreises ohne angeschlossenes Ladesystem durchzuführen oder die Überspannungs-Schutzeinrichtungen (SPDs) oder andere Betriebsmittel vor den Messungen abzutrennen. Allerdings ist ein Trennen der Überspannungs-Schutzeinrichtungen oder ein Abklemmen vor der Messung praktisch nicht immer möglich. In diesen Fällen ist ein Herabsetzen der Prüfgleichspannung auf 250 V unter der Voraussetzung zulässig, dass der Isolationswiderstand mindestens 1 MΩ beträgt.

Bei Ladesystemen der Ladebetriebsart 4 (Gleichstromladen) muss während des Ladevorgangs der Isolationswiderstand über Isolationsüberwachungseinrichtungen anlagen- und fahrzeugseitig überwacht und über die Pilotfunktion bei einem Isolationsfehler der Ladevorgang unterbrochen werden. Die Messung des Isolationswiderstands ist vor dem Anschluss der Isolationsüberwachungseinrichtung (IMD) durchzuführen.

Der Nachweis der Schutzmaßnahme „Schutztrennung“ nach DIN VDE 0100-410 Abs. 413 mit einem Verbraucher ist durch Besichtigen der Auswahl und dem Einbau der Betriebsmittel und Messung des Isolationswiderstands nachzuweisen.

4.4.6 Einrichtungen zur Überwachung (IT-System)

Bei der Ladebetriebsart 4, dem DC-Laden, wird der Isolationswiderstand während des Ladevorgangs ladestationsseitig und fahrzeugseitig durch Isolationsüberwachungseinrichtungen (IMDs) überwacht. Das Fahrzeug und die Ladestation sind über den Schutzleiter miteinander verbunden. Sind ladestationsseitig die Isolationsüberwachungseinrichtungen (IMDs) in einem Ladesystem integriert, sind IMD und Stecker (Ladepunkt) Teil eines vom Hersteller in den Verkehr gebrachten Betriebsmittels. Die Prüfung des Isolationswiderstands ist demnach ausschließlich für den Versorgungsstromkreis erforderlich. Ist die Isolationsüberwachungseinrichtung in einer vom Ladepunkt separaten Niederspannungs-Schaltgerätekombination installiert, liegt zwischen dieser und dem Ladepunkt ein IT-System vor. Demnach ist vor dem Anschluss der Isolationsüberwachungseinrichtungen (IMDs) der Isolationswiderstand im Rahmen der Erstprüfung zu messen.

4.5 Anforderungen an öffentliche Anschlusspunkte nach Ladesäulenverordnung (LSV)

Die Richtlinie 2014/94/EU vom 22. Oktober 2014 zum Aufbau der Infrastruktur für alternative Kraftstoffe wurde erlassen, um die Abhängigkeit von fossilen Brennstoffen und die daraus resultierende Umweltbelastung zu verringern. Es sind Mindestanforderungen für die Errichtung der Infrastruktur für alternative Kraftstoffe einschließlich Ladepunkten für Elektrofahrzeuge festgelegt. Die Mitgliedsstaaten haben sicherzustellen, dass kabelgebundene Ladepunkte für Elektrofahrzeuge, die ab dem 18. November 2017 errichtet oder erneuert werden, aus Gründen der Interoperabilität mindestens folgenden technischen Spezifikationen entsprechen müssen:

- Normalladepunkte sind Wechselstrom-Ladepunkte mit Ladeleistungen bis 22 kW. Sie sind aus Gründen der Interoperabilität mit Steckdosen und Steckern des Typs 2 nach EN 62196-2 auszurüsten. Schnellladepunkte sind sowohl Wechselstrom- als auch Gleichstrom-Ladepunkte mit Ladeleistungen über 22 kW. Sie sind darüber hinaus mit Kupplungen des „combined charging system Combo 2“ nach der Norm EN 62196-3 auszurüsten.
- Öffentlich zugängliche Ladepunkte müssen u. a. hinsichtlich des Zugangs, der Nutzung, der Bezahlung etc. nichtdiskriminierend zugänglich sein.

- Öffentlich zugängliche Ladepunkte sind mit intelligenten Verbrauchererfassungssystemen entsprechend den Anforderungen der Richtlinie 2012/27/EU Abs. 27 und Art. 9 (2) zur Energieeffizienz auszustatten.

Die Richtlinie 2014/94/EU vom 22. Oktober 2014 über den Aufbau der Infrastruktur für alternative Kraftstoffe ist in der Verordnung über technische Mindestanforderungen an den sicheren und interoperablen Aufbau und Betrieb von öffentlich zugänglichen Ladepunkten für Elektromobile, kurz Ladesäulenverordnung (LSV), in nationales Recht umgesetzt worden. Neben den Ausstattungsmerkmalen von Ladesteckern zum interoperablen Betrieb beinhaltet die Ladesäulenverordnung Anforderungen an die Anmeldeverfahren sowie an die Inbetriebnahmeprüfung und die Genehmigungsverfahren für Ladesäulen, die zum Laden von Elektromobilen als reine Batteriefahrzeuge oder von außen aufladbaren Hybridfahrzeugen vorgesehen sind.

4.5.1 Anforderungen an Interoperabilität und Sicherheit

Nach § 3 (4) LSV sind insbesondere Anforderungen an die technische Sicherheit von Energieanlagen nach § 49 Abs. 1 EnWG und Abs. 2 Satz 2 Nummer 1 EnWG anzuwenden. Demnach sind Ladestationen seitens der Elektroinstallation so zu errichten und zu betreiben, dass die technische Sicherheit gewährleistet ist. Die Einhaltung der allgemeinen Regeln der Technik wird somit vermutet, wenn die technischen Regeln des Verbandes der Elektrotechnik, Elektronik und Informationstechnik e. V., kurz VDE, angewendet werden. Die Ladesäulen fallen somit auch in den Anwendungsbereich der technischen Regeln zur Errichtung elektrischer Anlagen. Damit hat der Betreiber die sichere Errichtung nach den anerkannten Regeln der Technik gegenüber der zuständigen Behörde nachzuweisen.

Nach § 6 LSV kann die Regulierungsbehörde den Nachweis der technischen Anforderungen an Schnellladepunkte regelmäßig prüfen lassen. Bei Nichteinhaltung der technischen Anforderungen sowie bei fehlenden Nachweisen kann die Regulierungsbehörde den Betrieb untersagen.

Öffentlich zugängliche Ladepunkte sind dem Nutzer von Elektromobilen zugänglich zu machen. Das bedeutet, dass die allgemeine Nutzung ungehindert möglich sein muss. Dies ist sichergestellt, wenn der jeweilige Ladepunkt zum Laden

- keine Authentifizierung zur Nutzung durch kostenloses Laden oder gegen Zahlung mittels Bargeld in unmittelbarer Nähe zum Ladepunkt erfordert oder

- eine Authentifizierung durch bargeldloses Zahlen mittels eines gängigen kartenbasierten Bezahlsystems wie EC oder webbasierten Bezahlsystemen (Paypal o. ä.) ermöglicht.

Das Anmeldeverfahren betrifft öffentlich zugängliche Ladepunkte. „Öffentlich zugänglich" bedeutet, dass sie entweder im öffentlichen Straßenraum oder auf privatem Grund installiert sind und der zum Ladepunkt gehörige Parkplatz von einem unbestimmten oder nach allgemeinen Merkmalen bestimmbaren Personenkreis befahren werden kann. Damit fallen Parkhäuser und öffentlich befahrbare Garagen neben öffentlichen Parkplätzen in den Anwendungsbereich der LSV.

Betreiber von öffentlich zugänglichen Normalladepunkten über 3,7 kW bis 22 kW und Schnellladepunkten über 22 kW sind verpflichtet, die Inbetriebnahme und die Außerbetriebnahme der Regulierungsbehörde schriftlich oder elektronisch anzuzeigen. Inbetriebnahmen von Schnellladepunkten, die sowohl vor und nach Inkrafttreten der LSV errichtet und in Betrieb genommen wurden, sind der Regulierungsbehörde anzuzeigen. Dem Betreiber obliegt die schriftliche Anzeige bei der Bundesnetzagentur bei

- Aufbau,
- Außerbetriebnahme,
- öffentlich zugänglich werdenden Ladepunkten sowie
- Wechsel des Betreibers.

Seit 17.03.2016 muss der Betreiber von Schnell- und Normalladepunkten der Regulierungsbehörde die Inbetriebnahme mindestens vier Wochen vor dem geplanten Beginn des Aufbaus anzeigen. Bei Außerbetriebnahmen muss die Meldung unverzüglich erfolgen. Neben dem Nachweis der Ausrüstung der Stecker (Gleichstromladen und Wechselstromladen) ist der Nachweis über die elektrische Sicherheit zu erbringen. Bei seit Inkrafttreten der Ladesäulenverordnung (18. November 2017) neu installierten Ladepunkten sind bei Inbetriebnahme oder bei Betreiberwechsel bereits in Betrieb genommener Ladepunkte die Unterlagen zum Nachweis der technischen Anforderungen nach § 3 Abs. 2 bis 4 LSV zu erbringen:

- Vorhandensein einer Kupplung vom Typ 2 nach DIN EN 62196-2 bei Wechselstrom-Schnellladepunkten,
- Vorhandensein einer Kupplung vom Typ Combo 2 nach DIN EN 62196-3 bei Schnellladepunkten, an denen das Gleichstromladen möglich ist,
- Protokoll über die Erstprüfung nach DIN VDE 0100-600.

Eine Übersicht der Ausstattungsmerkmale nach LSV zeigt **Tabelle 4.2.**

Ladeleistung in kW	vor Inkrafttreten der LSV	nach Inkrafttreten der LSV	Anzeigepflicht	Nachweispflicht	einheitlicher Stecker
< 3,7	X	X	keine	keine	keine Anforderungen
3,7 bis < 22	X	X	ja		
Normalladepunkt ≤ 22		X	ja	keine	ja, ab 17.06.2019
	X		keine		keine Anforderungen
Schnellladepunkt >22		X	ja	allgemeine technische Anforderungen nach § 49 EnWG, § 3 II, III LSV	ja, ab 17.06.2019
	X			allgemeine technische Anforderungen nach § 49 3 IV LSV	keine Anforderungen

Tabelle 4.2 Ausstattungsmerkmale nach LSV

4.5.2 Anmeldeprotokoll

Zur Anwendung kommt hier das Anmeldeprotokoll der Bundesnetzagentur. Das Inbetriebnahmeprotokoll für Ladeeinrichtungen im Sinne der Ladesäulenverordnung beinhaltet in Anlehnung an die Anforderungen an die Erstprüfung nach DIN VDE 0100-600 sowie der Anforderungen nach DIN VDE 0100-722 folgende Angaben zur Prüfung und zum Prüfergebnis:

- verwendetes Messgerät nach DIN VDE 0413,
- geprüfte Mindestanforderungen:
  - elektrische Durchgängigkeit der Leiter,
  - Isolationswiderstand der elektrischen Anlage,
  - Schutz durch SELV, PELV oder durch Schutztrennung,
  - Widerstand/Impedanz von isolierenden Fußböden und isolierenden Wänden,
  - Schutz durch automatische Abschaltung der Stromversorgung,
  - zusätzlicher Schutz,
  - Spannungspolarität,
  - Phasenfolge der Außenleiter,
  - Prüfergebnis,
- Übereinstimmungsbestätigung der Ladeeinrichtung mit den geltenden VDE-Normen,
- Bestätigung des sicheren Gebrauchs der Ladeeinrichtung bei bestimmungsgemäßer Verwendung.

Wie man aus den Angaben entnehmen kann, stellt das Inbetriebnahmeprotokoll der Bundesnetzagentur lediglich eine Meldung der zutreffenden geprüften Schutzmaßnahmen dar. Es ist eine Art Übergabeprotokoll zwischen

Errichter und Betreiber und ersetzt keinesfalls den nach DIN VDE 0100-600 erforderlichen Prüfbericht über die Erstprüfung.

5 Prüfung von Photovoltaik-Stromversorgungssystemen

Kaum ein anderes Gewerk greift so wesentlich in elektrische Anlagen eines Gebäudes ein wie PV-Anlagen. Was vor 20 Jahren mit dem ersten Boom der Solarbranche als reines Investmentprodukt begann, wurde mit fortschreitender Entwicklung von Speichern zu einem dezentralen Energieversorgungskonzept. Gerade in den Anfangsjahren der Photovoltaik sprossen vertriebsfixierte Unternehmen aus dem Boden, die Betreibern, Investmentgesellschaften und Privatkunden diese Anlagen als Finanzprodukt verkauften. Dieser Umstand führte allerdings dazu, dass z. B. auch Unternehmen wie Dachdeckerfirmen diese Anlagen montierten und eine „Fachfirma" nur den elektrischen Anschluss vornahm – möge der Billigste gewinnen! Dieser Umstand sorgte dafür, dass das Geschäft mit PV-Anlagen nicht mehr im klassischen Elektrohandwerk seine Heimat hatte, sondern aus Geflechten von Projektentwicklern, Subunternehmern, Betreibergesellschaften und Dachvermietungen wuchs und bei Großprojekten hinsichtlich Prüfungen und Betreiberpflichten außer Acht gelassen wurde. Dieses Kapitel befasst sich mit den spezifischen Teilen der Prüfung von PV-Anlagen im Rahmen von Erst- und Wiederholungsprüfungen und deren Prüfgrundlagen speziell für die Gleichspannungsseite.

5.1 Prüfgrundlagen für Erst- und Wiederholungsprüfungen

5.1.1 Die Erstprüfung

Bei Erstprüfungen geht es primär um den Nachweis der regelkonformen Installation in Übereinstimmung mit der DIN VDE 0100-Reihe sowie weiteren zutreffenden Regelwerken zum Auslösen der Vermutungswirkung auf Grundlage § 49 des EnWG zu Gunsten des Errichters. Die Prüfung umfasst alle Maßnahmen, mit denen die Übereinstimmung der elektrischen Anlage mit den Anforderungen der zutreffenden Regelwerke, insbesondere der DIN VDE 0100-Reihe, überprüft werden.

Die Prüfung umfasst im wesentlichen folgende Schritte:

- Besichtigen,
- Erproben,
- Messen.

Das *Besichtigen* umfasst die Untersuchung einer elektrischen Anlage mit allen Sinnen. Im Rahmen der Erstprüfung ist damit die ordnungsgemäße Errichtung der elektrischen Betriebsmittel durch den Errichter festzustellen und nachzuweisen. Das Erproben und Messen beinhaltet alle Maßnahmen, mit denen die ordnungsgemäße Funktion einer elektrischen Anlage nachgewiesen wird.

Das *Erproben* meint überwiegend die Betätigung von Test- und Prüftasten sowie die Erprobung funktionaler Anforderungen.

Das *Messen* umfasst Maßnahmen zur Erfassung von Messgrößen. Im Rahmen der Erstprüfung liegt der Zweck von Messungen primär im Nachweis der Wirksamkeit der angewendeten Schutzmaßnahmen gegen elektrischen Schlag. Weitergehende Messungen dienen ergänzend dem Nachweis der korrekten Verschaltung und der korrekten Anschlüsse.

Werden bestehende elektrische Anlagen erweitert oder geändert, sind die von der Änderung und Erweiterung betroffenen Anlagenteile wie neu errichtete elektrische Anlagen zu betrachten. Der Errichter muss bei Änderungen oder Erweiterungen in bestehenden elektrischen Anlagen zuvor prüfen, ob sich die geänderten oder erweiterten Teile der elektrischen Anlage nach DIN VDE 0105-100 im ordnungsgemäßen Zustand befinden Einen „Bestandsschutz“ auf Mängel gibt es nämlich nicht. Entdeckt der mit der Änderung oder Erweiterung der elektrischen Anlage beauftragte Errichter erhebliche Mängel in der bestehenden elektrischen Anlage, die auch die sichere und regelkonforme Errichtung der Änderung oder Erweiterung betreffen, sollte der Errichter oder Anlagenplaner dem Auftraggeber die Notwendigkeit erforderlicher Anpassungen und Instandsetzungen schriftlich anzeigen.

5.1.2 Die wiederkehrende Prüfung

Wiederkehrende Prüfungen fallen in den Anwendungsbereich der DIN VDE 0105-100. Nach DIN VDE 0105-100 Abs. 5.3.3.101 ist die elektrische Anlage, inkl. PV-Stromversorgungssystemen, in geeigneten Zeitabständen zu prüfen. Im Gegensatz zur Normenreihe der DIN VDE 0100 obliegt die Einhaltung und Sicherstellung des ordnungsgemäßen Zustandes dem Betreiber.

Eine Anlage ist nach DIN VDE 0105-100 Abs. 5.3.101 im ordnungsgemäßen Zustand, wenn diese den zum Zeitprunkt gültigen Errichtungsnormen entspricht und keine sicherheitsrelevanten Mängel festgestellt werden. Hierzu sind auch zwischenzeitlich geänderte Umgebungs- und Betriebsbedingungen zu berücksichtigen und entsprechende Anpassungen vorzunehmen. Ebenso ist eine Anlage im ordnungsgemäßen Zustand, wenn sie den zum Zeitpunkt der Prüfung gültigen Errichtungsbestimmungen entspricht. Dieser Zustand liegt typischerweise bei den ersten wiederkehrenden Prüfzyklen vor, sofern entweder im Betrieb freiwillig oder auf Grundlage der Gefährdungsbeurteilung des Betreibers Anpassungen vorgenommen wurden, die Anlage erweitert wurde oder für die bestehende elektrische Anlage noch immer die zum Errichtungszeitpunkt gültigen Errichtungsbestimmungen gelten.

Die Häufigkeit wiederkehrender Prüfungen ist nach DIN VDE 0105-100 Abs. 5.3.3.101.6 unter Berücksichtigung der Art der Anlage und deren Verwendung festzulegen. Hierbei sind zudem Qualität, Art und Umfang der Anlagenwartung und deren äußere Einflüsse zu berücksichtigen. Allerdings enthält die DIN VDE 0105-100 in der derzeit gültigen Fassung keine verbindlichen Anforderungen an die Häufigkeit wiederkehrender Prüfungen.

Wie oft und in welchen Intervallen die Prüfung durchzuführen ist, ergibt sich gemäß Abs. 5.3.3.101.6 Anmerkung 1 durch gesetzliche oder andere nationale Bestimmungen. Je nach Betreiber, ist zwischen unterschiedlichen gesetzlichen Prüfgrundlagen zu unterscheiden. Im Wesentlichen wird zwischen folgenden Betreibern unterschieden:

- privater Betreiber,
- gewerblicher Betreiber,
- öffentlicher Betreiber.

Privater Bereich

Im privaten Bereich regelt das Bürgerliche Gesetzbuch (BGB) die Rechte und Pflichten zwischen zwei Vertragsparteien. Einen der häufigsten Anwendungsfälle stellt die klassische Mietwohnung bzw. das Haus dar. Mittlerweile bieten örtliche Stadtwerke, Energieversorger und einige Start-ups Mietmodelle für PV-Anlagen an. Hier muss der klassische Eigenheimbesitzer nicht die Kosten für die Anschaffung auf einmal aufbringen, sondern in Form einer monatlichen Miete während der Laufzeit an den Vermieter entrichten. Damit ist der PV-Anlagen-Vermieter ihr Betreiber, während der Hauseigentümer oder auch die Eigentümergemeinschaft bei Mehrparteienhäusern die Nutzer sind.

Das BGB regelt in Teil 5 Miet- und Pachtverträge. Nach § 535 BGB wird der Vermieter durch den Mietvertrag verpflichtet, dem Mieter den Gebrauch der Mietsache während der Mietzeit zu gewähren. Der Vermieter hat hierzu die Mietsache dem Mieter in einem zum vertragsgemäßen Gebrauch geeigneten Zustand zu überlassen und während der Mietzeit diesen Zustand zu erhalten. Übertragen auf PV-Anlagen resultiert aus diesem Sachverhalt neben dem Erhalt des wirtschaftlichen Betriebs der Erhalt des ordnungsgemäßen Zustands im Sinne von DIN VDE 0105-100. Demnach obliegt Vermietern von PV-Anlagen die Pflicht, die PV-Anlage entsprechend den Vorgaben der Hersteller der Wechselrichter, der PV-Module etc. zu warten und im Rahmen von wiederkehrenden Prüfungen den ordnungsgemäßen Zustand zu erhalten.

Neben der mängelfreien Überlassung einer Mietsache regelt Teil 27 des BGB die „unerlaubte Handlung“. Nach § 823 (1) BGB ist zum Schadenersatz verpflichtet, wer vorsätzlich oder fahrlässig das Leben, den Körper, die Gesundheit, die Freiheit, das Eigentum oder ein sonstiges Recht eines anderen widerrechtlich verletzt. Daraus ergibt sich für Betreiber elektrischer Anlagen und PV-Anlagen auch im privaten Bereich die Verkehrssicherungspflicht. Wird gegen dieses verstoßen, ergibt sich nach § 823 (2) BGB bei Verschulden die Pflicht zum Schadensersatz. Als typisches Beispiel im privaten Wohnbereich resultiert daraus z. B. die Pflicht zur Schneeräumung und das Entfernen von Eiszapfen, sofern aufgrund deren Größe Personenschäden bei Herabfallen zu erwarten sind.

Hier ist der Eigentümer bzw. die Eigentümergemeinschaft in der Pflicht, mögliche Gefährdungen durch die PV-Anlage abzuwenden (z. B. Herauslösen von unzureichend befestigten PV-Modulen, von der PV-Anlage ausgehende Brände sowie elektrische Gefährdungen), woraus sich die Pflicht zum Erhalt des ordnungsgemäßen Zustands im privaten Bereich ergibt. Daraus resultiert auch der Erhalt des ordnungsgemäßen Zustands durch regelmäßige Prüfung und Wartung.

Nach § 823 (2) BGB ist ein Verstoß gegen die Verkehrssicherungspflicht auch ohne aktives Verschulden möglich. Damit schützt Unwissenheit den Betreiber nicht vor möglichen rechtlichen Konsequenzen und Haftungen. Im Umkehrschluss ist demnach grundsätzlich der Hauseigentümer bzw. die Eigentümergemeinschaft im Außenverhältnis bei Verstoß haftbar. Wird eine PV-Anlage gemietet, sollte der Hauseigentümer bzw. die Hauseigentümergemeinschaft die verschiedenen Rechte und Pflichten mit dem Vermieter der PV-Anlage mit juristischer und Unterstützung eines Sachverständigen klären.

Gewerblicher und öffentlicher Bereich

Im gewerblichen und öffentlichen Bereich hat der Betreiber die Obliegenheit, den sich aus den Arbeitgeber-Arbeitnehmer-Verhältnissen ergebenden Pflichten nachzukommen. Der Betreiber (Arbeitgeber) hat den Beschäftigten sichere Arbeitsplätze und Arbeitsmittel bereitzustellen, diese im ordnungsgemäßen Zustand zu erhalten und sichere Handhabung z. B. durch Unterweisungen organisatorisch sicherzustellen. Schutzziel ist somit der sichere Betrieb und die Vermeidung von Unfällen der Beschäftigten. Der Fokus liegt dabei auf dem Personenschutz. Nach §5 des ArbSchG (1) hat der Arbeitgeber durch Beurteilung die für die Beschäftigten mit ihrer Arbeit verbundenen Gefährdungen zu ermitteln und die erforderlichen Maßnahmen zur Unfallverhütung festzulegen. Der Arbeitsschutz stützt sich in Deutschland auf die *Betriebssicherheitsverordnung* und die *Arbeitsstättenverordnung* sowie im autonomen Recht auf Grundlage des SGB VII und die Vorschriften der Berufsgenossenschaften. Die Betriebssicherheitsverordnung und die *Unfallverhütungsvorschriften* dienen vorwiegend dem Ziel, Arbeitsmittel sicher und bestimmungsgemäß zu verwenden und Arbeitsplätze sicher zu gestalten. Hierzu hat der Arbeitgeber eine Gefährdungsbeurteilung zu erstellen und erforderliche Maßnahmen nach der Reihenfolge des TOP-Prinzips nach dem Stand der Technik festzulegen. Übertragen auf PV-Stromversorgungssysteme bedeutet dieser Umstand, dass die elektrischen Anlagen sicher betrieben werden und Laien und unbefugte keinen Zugang zu den elektrischen Betriebsräumen, Verteilern und zum Dach haben.

Insbesondere sind deshalb neben Gefährdungen durch Gleichströme auch Gefährdungen durch Absturz von Dächern und deren Zugängen sowie Aufschaltungen von sicherheitstechnischen Anlagen (Brandmeldeanlagen etc.) und der organisatorische Brandschutz zu beachten.

Betreiber haben vor erstmaliger Verwendung auf Grundlage §5 der DGUV Vorschrift 3 bzw. 4 eine Prüfung vor Inbetriebnahme zu veranlassen. Da sich diese nicht von der Erstprüfung des Errichters unterscheidet, kann die Prüfung vor erstmaliger Inbetriebnahme nach DGUV Vorschrift 3 bzw. 4 § 5 Abs. 4 auch durch die Bestätigung des Errichters der Anlage mittels der sogenannten *Errichterbescheinigung* ersetzt werden. Dadurch hat der Betreiber erst in den von ihm festgelegten Prüfintervallen die nächste wiederkehrende Prüfung zu veranlassen.

Sachschutz

In gewerblichen und öffentlichen Bereichen können sich für Betreiber aufgrund der dort vorhandenen Sachwerte Obliegenheiten aus dem Versicherungsvertrag ergeben. Der Betreiber ist mit seiner Anlage sowie den im Objekt vorhandenen Sachgütern neben seiner Rolle als Betreiber auch Versicherungsnehmer. Die Prüfung nach Versicherungsklausel SK 3602 ist eine ergänzende Prüfung zur Prüfung nach DGUV Vorschrift 3 bzw. 4. Der Unterschied zur berufsgenossenschaftlichen Prüfung besteht in der besonderen Berücksichtigung des Sach- und Brandschutzes. Das Schutzziel der Prüfung bezieht sich auf den Brandschutz. Demnach darf von der elektrischen Anlage keine Brandgefahr ausgehen. Gleichzeitig darf die elektrische Kabel- und Leitungsanlage Brände nicht fortleiten. Der Versicherungsvertrag ist zwischen Versicherer und Versicherten privatrechtlich geschlossen. Aus dem Vertrag kann der Sachversicherer dem Versicherten bzw. den versicherten Sachgegenständen u. a. je nach Art, Nutzung und dem Wert der Sachgüter wiederkehrende Prüfungen der elektrischen Anlagen aus Sicht des Sachschutzes auferlegen. Voraussetzung ist die regelkonforme Errichtung und die bestimmungsgemäße Verwendung für den sicheren Betrieb der Anlagen. Somit entbindet eine Prüfung der elektrischen Anlage nach VdS SK 3602 den Betreiber nicht von weiteren Prüfungen. Der Sachversicherer gibt den Prüfzyklus, den Umgang und die zur Bewertung hinzuzuziehenden Kriterien an. Dabei können zusätzlich zu VDE-Normen auch die Richtlinien des VdS greifen. Die Notwendigkeit, die Prüfung durch einen anerkannten Sachverständigen durchführen zu lassen, ergibt sich privatrechtlich aus dem Versicherungsvertrag zwischen Versicherungsnehmer und Versicherer.

Prüfungen nach VdS SK 3602, entsprechend den Prüfrichtlinien nach VdS 2871, sind von anerkannten Sachverständigen nach VdS 2228 durchzuführen. Das Ergebnis der Prüfung wird im sogenannten *Befundschein* gemäß VdS 2229 dokumentiert. Der Sachverständige gibt als Ergebnis der Prüfung eine Gesamtbewertung nach VdS 2871 in den Bewertungsstufen a bis d an. Dabei bedeutet die Bewertungsstufe a, dass keine bedenklichen Mängel festgestellt wurden, und d, dass sich die Anlage in schlechtem Zustand mit umgehend zu behebenden Mängeln befindet. Die Einstufung durch den Sachverständigen kann sich hier auf die Prüffristen und u. a. auf die Höhe der Versicherungsprämien des Betreibers auswirken. Die Prüffristen und der Umfang ergeben sich aus den vertraglichen Rechten und Pflichten zwischen Versicherer und Versicherungsnehmer.

In der Regel wird die Gewerbeimmobilie an einen Betreiber vermietet. Dieser betreibt in den Räumlichkeiten (z. B. Büros, Produktionshallen, Lager etc.) ein Gewerbe. Befindet sich auf dem Dach eine PV-Anlage, stellt sich häufig die Frage der Zuständigkeiten. Meistens betreibt der Gebäudeeigentümer die PV-Anlage auf seinem Gebäude selbst und vermietet die Räumlichkeiten. Die Prüfrichtlinie VdS 2871 fordert in Abs. 2.2, dass Photovoltaikanlagen im Rahmen der Prüfung besichtigt werden müssen; sie sind so zwingend im Prüfungsumfang zu betrachten.

5.2 Gegenstand und Bewertungskriterien

Prüfungen von Photovoltaik-Stromversorgungssystemen beziehen sich auf die Gleichspannungs- und Wechselstromseite. Ab den Gleichspannungsanschlüssen der PV-Wechselrichter beginnt die Gleichspannungsseite (**Bild 5.1**). Diese erstreckt sich über die PV-Gleichstromleitungen, über die Generatoranschlusskästen bis hin zu den PV-Strängen, die wiederum aus einer Anzahl in Reihe geschalteter bzw. parallelgeschalteter PV-Modulen bestehen. Die Wechselstromseite eines PV-Stromversorgungssystems erstreckt sich von den Wechselspannungsanschlüssen der PV-Wechselrichter bis zur Schutzeinrichtung des PV-Wechselstromversorgungskabels (**Bild 5.2**). Die Wechselstromseite gemäß Definition nach DIN VDE 0100-712 liegt nach dem Zähler in der Anschlussnutzeranlage. Das Hauptstromversorgungssystem ist im Anwendungsbereich der DIN VDE 0100-712 nicht enthalten.

Bild 5.1 Gleichspannungsseite: Teil einer PV-Anlage von den PV-Modulen bis zu den Gleichspannungsanschlüssen des PV-Wechselrichters, vgl. DIN VDE 0100-712 Abs. 712.3.19

Bild 5.2 Wechselspannungsseite: Teil einer PV-Anlage von den Wechselspannungsanschlüssen des PV-Wechselrichters bis zum Anschluss des PV-Versorgungskabels oder der PV-Versorgungsleitung an die elektrische Anlage, vgl. DIN VDE 0100-712 Abs. 712.3.20

5.3 Eigenschaften von PV-Generatoren und Schutzmaßnahmen

5.3.1 Elektrisches Verhalten der PV-Module

Ein PV-Modul ist eine vor der Bestrahlung und der Temperatur abhängige nichtlineare Gleichstromquelle. Die elektrischen Kenngrößen von PV-Modulen werden unter den STC (*Standard Test Conditions*) nach EN 60904-3 angegeben. Die STC sind die Bedingungen, unter denen die elektrischen Kenngrößen unter Angabe der Grenzabweichungen in den Datenblättern der Hersteller enthalten sind. Die *Air-Mass-Zahl* (AM) ist die Zahl der relativen Wegelänge des Lichts bezogen auf den senkrechten direkten Weg zwischen Erdoberfläche und der äußeren Atmosphärenschicht. Für Mitteleuropa wird diese Zahl mit 1,5 angegeben. Die Angabe der elektrischen Größen sind bei einer Bestrahlungsstärke G_0 = 1.000 W/m^2 und einer Zelltemperatur der PV-Module T_M = 25 °C angegeben. Die PV-Module werden je nach Strom- und Eingangsspannungsbereichen der Wechselrichter in Reihe zu einem PV-Strang oder parallel zu einem PV-Teilgeneratorfeld geschaltet. Der Kurzschlussstrom ist direkt proportional zur in die PV-Modulebene eingestrahlte Bestrahlungsstärke G (**Bild 5.3**). Der Einfluss der Temperatur auf den *Kurzschlussstrom* ist im Kurzschlusspunkt der U/I-Kennlinie vernachlässigbar (**Bild 5.4**). Wird ein PV-Modul bzw. ein PV-Strang kurzgeschlossen, fließt ein Kurzschlussstrom I_{SC}. Liegt die Bestrahlungsstärke G in Modulebene bei 1.000 W/m², fließt der Nennkurzschlussstrom des PV-Moduls bzw. des PV-Strangs. Für den Kurzschlusspunkt gilt

$$I_{SC} = \frac{G\,[\mathrm{W/m^2}]}{G_0} \cdot I_{SC,STC} \cdot N_P$$

I_{SC}	Kurzschlussstrom des PV-Moduls bzw. des PV-Strangs in A
G	Bestrahlstärke in PV-Modulebene in W/m²
G_0	Bestrahlsstärke unter STC = 1.000W/m²
$I_{SC,STC}$	Kurzschlussstrom des PV-Moduls bzw. des PV-Strangs unter STC in A
N_P	Anzahl der parallelgeschalteten PV-Module bzw. PV-Stränge

Die Leerlaufspannung steigt mit fallender PV-Modultemperatur. Bei niedrigen Modultemperaturen unterhalb 25 °C liegt die Leerlaufspannung über U_{OC} und oberhalb von 25 °C unterhalb von $U_{OC,\,STC}$. Der Einfluss der Be-

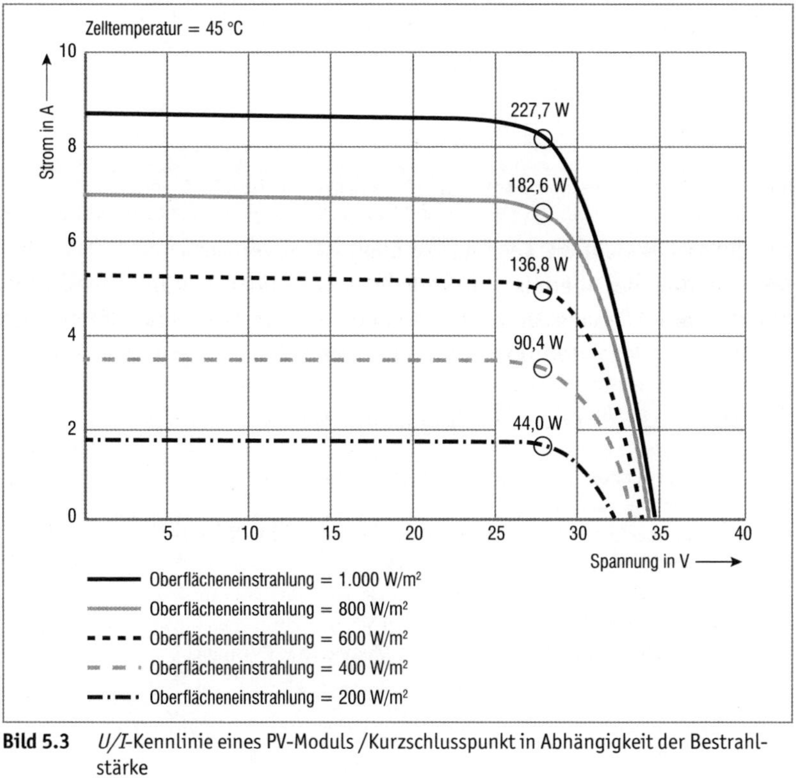

Bild 5.3 *U/I*-Kennlinie eines PV-Moduls /Kurzschlusspunkt in Abhängigkeit der Bestrahlstärke

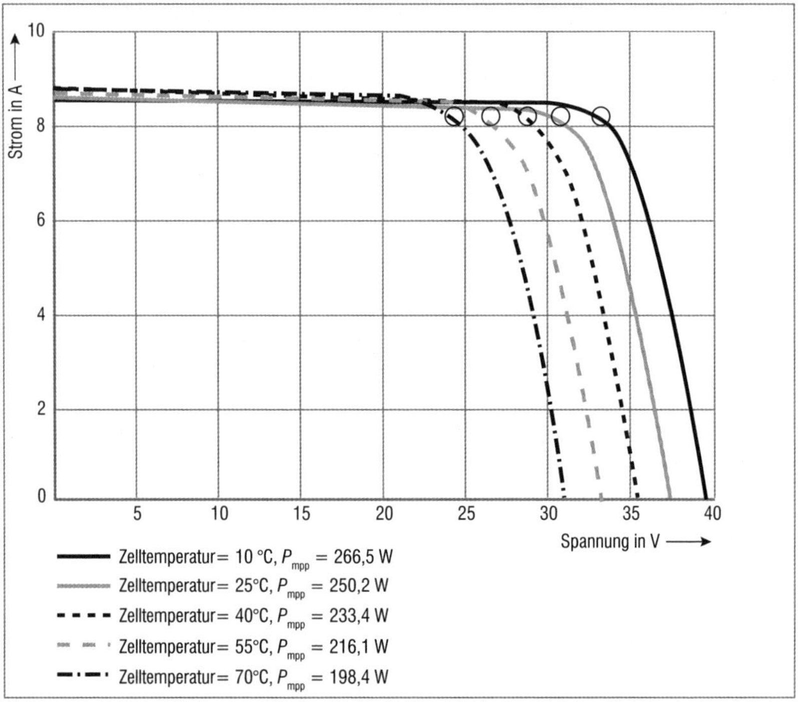

Bild 5.4 *U/I*-Kennlinie eines PV-Moduls in Abhängigkeit der Modultemperatur

strahlungsstärke auf die Leerlaufspannung ist zu vernachlässigen. Die Charakterisierung des thermischen Verhaltens wird über den Temperaturkoeffizienten der Leerlaufspannung berechnet. Der Temperaturkoeffizient der Leerlaufspannung α_U wird in mV/K im Datenblatt angegeben.

$$U_{OC} = [1 - \alpha_U\,(T_{Modul} - 25°C)] \cdot U_{OC,STC} \cdot N_S$$

U_{SC} Leerlaufspannung eines PV-Moduls, PV-Strang oder PV-Array in V

α_U Temperaturkoeffizient der Leerlaufspannung in mV/K oder %/K

T_{Modul} Modultemperatur in °C

$U_{OC,STC}$ Nennleerlaufspannung unter STC in V

N_S Anzahl der parallelgeschalteten PV-Module bzw. PV-Stränge

5.3.2 Schutzmaßnahmen gegen elektrischen Schlag am PV-Generator

Sämtliche elektrischen Betriebsmittel des PV-Generators sind nicht abschaltbar und deshalb grundsätzlich als unter Spannung stehend anzusehen. Nach DIN VDE 0100-712 Abs. 712.410.102 sind auf der Gleichspannungsseite folgende Schutzmaßnahmen gegen elektrischen Schlag zulässig:

- doppelte oder verstärkte Isolierung bei $U_{oc\ max}$ ab 120 V (DC),
- Schutz durch Kleinspannung (SELV oder PELV) bei $U_{oc\ max}$ bis 120 V (DC),
- Schutz durch Kleinspannung (SELV oder PELV) bei $U_{oc\ max}$ bis 30 V (DC) ohne Schutz gegen direktes Berühren.

Die Anwendung der Schutzmaßnahme hängt in erster Linie von der maximalen Leerlaufspannung des PV-Strangs bzw. des PV-Teilgeneratorfeldes ab. Hierzu ist im ersten Schritt die Leerlaufspannung $U_{oc\ max}$ nach DIN VDE 0100-712 Anhang B zu berechnen. Die Leerlaufspannung eines PV-Moduls bzw. eines PV-Strangs ergibt sich in direkter Abhängigkeit von der Temperatur der Zellen. Liegt die Zelltemperatur unterhalb von 25 °C (Temperatur bei STC), ist der Korrekturfaktor $K_U > 1$, wodurch die Leerlaufspannung des Strangs über der Leerlaufspannung unter STC liegt. Sinkt die Zelltemperatur, erhöht sich demnach die Leerlaufspannung des PV-Strangs. Die abweichende Zellentemperatur von 25 °C wird durch den Korrekturfaktor KU berücksichtigt. Die Eigenschaften des Zellmaterials werden durch den Temperaturkoeffizienten $\alpha_{U_{oc}}$ der Leerlaufspannung berücksichtigt.

$$K_U = 1 + \frac{\alpha_{U_{OC}}}{100} \cdot (T_{Min} - 25°C)$$

K_U Korrekturfaktor, der die Temperaturabhängigkeit der Leerlaufspannung unter den gegebenen Temperaturen der PV-Anlage beschreibt

$\alpha_{U_{OC}}$ negativer Faktor in mV/°C oder %/°C, der das Temperaturverhalten der PV-Module beschreibt

T_{Min} niedrigste Temperatur der PV-Anlage in °C

Die Leerlaufspannung ergibt sich aus dem Produkt des Korrekturfaktors, der Leerlaufspannung eines PV-Moduls und der Anzahl der in Reihe geschalteten PV-Module. Liegen keine Angaben zum Korrekturfaktor K_U vor, ist dieser gemäß DIN VDE 0100-712 Anhang B mit 1,2 anzunehmen. Die maximale Leerlaufspannung des PV-Strangs wird demnach wie folgt berechnet:

$$U_{oc\ max} = K_U \cdot U_{OC,STC} \cdot n_{Reihe}$$

Für die Ermittlung des maximalen Kurzschlussstroms eines PV-Moduls bzw. der in Reihe geschalteten PV-Module ist der Kurzschlussstrom unter STC mit dem Faktor K_I zu multiplizieren.

$$I_{SC,MAX} = K_I \cdot I_{SC,STC}$$

Nach DIN VDE 0100-712 Anhang B.2 muss dieser mindestens 1,25 betragen. Allerdings kann der Faktor K_I bei Umgebungen mit erhöhten reflektierten Strahlungsanteilen und höheren Sonnenintensitäten auch höher liegen.

5.3.3 Auswahl der Schutzmaßnahmen nach DIN VDE 0100-712

Die Schutzmaßnahme „Schutz durch doppelte oder verstärkte Isolierung" besteht bei PV-Generatoren aus einer einzelnen Schutzvorkehrung zum Basis- und Fehlerschutz. Die zulässige maximale Leerlaufspannung des PV-Strangs darf über 120 V (DC) liegen. Die Anforderungen an die Schutzklasse 2 müssen jedoch erfüllt sein. Dieser Schutzmaßnahme müssen u. a. folgenden Komponenten der Gleichspannungsseite entsprechen:

- PV-Module,
- Steckverbinder,
- Kabel- und Leitungen,
- Generatoranschlusskästen,
- Anschlussstellen an den Wechselrichtern.

Die elektrischen Eigenschaften eines PV-Moduls weisen sich dadurch aus, dass

- die Leerlaufspannung unterhalb 120 V (DC) liegt,
- ein PV-Modul eine von anderen Stromkreisen unabhängige Stromquelle darstellt,
- PV-Module, Steckvorrichtungen und Anschlussleitungen über eine Basisisolierung verfügen.

Damit erfüllen PV-Module im Sinne der DIN VDE 0100-410 die Anforderungen an die Schutzmaßnahme „Schutz durch Kleinspannung durch SELV oder PELV". Zusätzlich sind bei PV-Stromversorgungssystemen aber die Anforderungen nach DIN VDE 0100-712 zu beachten. Entsprechend kann die Anwendung der Schutzmaßnahme „Schutz durch Kleinspannung mittels SELV oder PELV" (wie auch nach DIN VDE 0100-410 Abs. 414 beschrieben) ausschließlich bei maximalen Leerlaufspannungen $U_{oc\,max}$ bis 120 V (DC) angewendet werden.

Bei Nennleerlaufspannungen $U_{oc\,max}$ > 30 V muss für SELV- oder PELV-Stromkreise ein Schutz gegen direktes Berühren als Basisschutz vorgesehen werden. Durch die Verschaltung der PV-Module in Reihe wird die zulässige Leerlaufspannung bereits bei vier in Reihe geschalteten PV-Modulen mit einer Leerlaufspannung unter STC im Bereich von 30 V bis 40 V (monokristialline PV-Module U_{oc} = 38,5 V) überschritten. Hierzu ist zudem der Korrekturfaktor K_U = 1,2 zu berücksichtigen.

Durch Reihenschaltung der einzelnen PV-Module zu einem PV-Strang überschreitet die maximale Leerlaufspannung $U_{oc\,max}$ eines Strangs die Grenze von 120V (DC), so dass die Schutzmaßnahme „Schutz durch Kleinspannung mittels SELV und PELV“ nicht anwendbar ist.

5.4 Durchführung und Bewertungskriterien

Photovoltaikanlagen sind wie alle neu errichteten elektrischen Anlagen einer Erstprüfung durch den Errichter zu unterziehen. Nach DIN VDE 0100-100 Abs. 134.2 sind elektrische Anlagen vor erstmaliger Inbetriebnahme, bei Änderungen oder Erweiterungen sowie in regelmäßigen Intervallen zu prüfen. Die Erstprüfung dient dem Nachweis der regelkonformen Errichtung in Übereinstimmung mit der Normenreihe DIN VDE 0100 sowie weiterer zutreffender Bewertungskriterien für die Errichtung.

Die Erstprüfung nach DIN VDE 0100-600 durchzuführen. Nach DIN VDE 0100-600:2017-06 wird im Nationalen Anhang NC (informativ) auf eine Auswahl von ergänzenden Prüfungen für bestimmte Anwendungsfälle hingewiesen. Netzgekoppelte Photovoltaikanlagen sind somit als Teil der elektrischen Anlage bei Erst- und Wiederholungsprüfungen mit zu berücksichtigen.

Die Prüfung der Gleichspannungsseite ist zusätzlich nach den Anforderungen von DIN EN 62446-1 (VDE 0126-23-1) durchzuführen. Die Anforderungen gelten sowohl für Erst- als auch Widerholungsprüfungen und enthalten neben den ergänzenden Anforderungen an die Systemdokumentation eine Auswahl weiterer optionaler Prüfungen.

Erstprüfungen im Sinne der DIN VDE 0100-600 beinhalten als Fokus den Schutz gegen elektrischen Schlag und die Übereinstimmung mit den normativen Anforderungen nach DIN VDE 0100-410. Neben den Anforderungen nach DIN VDE 0100-600 umfassen die normativ vorgeschriebenen Mindestvorgaben an eine Erstprüfung von PV-Anlagen, bestehend aus Besichtigen,

Erproben und Messen nach DIN EN 62446-1 (VDE 0126-23-1), folgende Teilprüfungen:

1. Prüfung der Gleichstromseite (DIN VDE 0126-23-1)
2. Prüfung der Wechselstromseite (VDE 0100-600)
3. Prüfung der Anforderungen an die Systemdokumentation (DIN VDE 0126-23-1)

Zudem sind die Anforderungen bzgl. der Notwendigkeit und Auswahl der Betriebsmittel des inneren und äußeren Blitzschutzes sowie das Vorhandensein der Dokumentation entsprechend den Anforderungen von DIN VDE 0185-305-3 Beiblatt 5 und DIN VDE 0100-537 zu prüfen.

5.5 Dokumentation und Kennzeichnung

5.5.1 Aufschriften und Kennzeichnungen

Neben weiteren Kennzeichnungen und Hinweisschildern nach DIN VDE 0100-510 Abs. 514 fordert die DIN VDE 0100-712 in Abschnitt 712.514 die Anbringung eines Schilds, das auf das Vorhandensein einer PV-Anlage hinweist. Bei der Prüfung ist festzustellen, dass dieses fest und dauerhaft an z. B. folgenden geeigneten Stellen abgebracht ist:

- Speisepunkt der elektrischen Anlage in der Hauptverteilung,
- am Zählerplatz der Kundenanlage,
- am Stromkreisverteiler, an dem die PV-Wechselstromversorgungskreise angeschlossen sind.

Darüber hinaus empfiehlt es sich in Gebäuden mit Brandmeldeanlagen (z. B. Versammlungsstätten, Krankenhäuser und weitere Sonderbauten), in der Brandmeldeanlage auf das Vorhandensein eines PV-Stromversorgungssystems hinzuweisen und dort erforderlichenfalls Angaben über die Leitungswege und Abschalteinrichtungen zu hinterlegen. Hier sollte der Prüfer einen Hinweis im Prüfbericht aufnehmen.

5.5.2 Die Prüfung der Anforderungen an die Systemdokumentation

Die Systemdokumentation stellt den Mindestumfang nach DIN VDE 0126-23-1 Abs. 4 an die Dokumentation dar. PV-Stromversorgungssysteme haben aufgrund der Bauweise, der Dachmontage und der Leitungsführung der DC-Leitungen etc. sehr viele Schnittstellen zu den allgemeinen elektrischen

Anlagen, dem Blitz- und Überspannungsschutz, dem baulichen Brandschutz, der Gebäudestatik und anderen gebäudetechnischen Anlagen. Darüber hinaus sind die erforderlichen Unterlagen und Prüfbescheinigungen nach VDE-AR-N 4100, VDE-AR-N 4105 sowie weitere Bescheinigungen, z. B. gemäß den Unfallverhütungsvorschriften, vorzulegen. Die folgende Aufstellung zeigt eine mögliche Auswahl:

- Errichterbescheinigung nach DGUV Vorschrift 3 und/oder eine Fachunternehmererklärung des Systementwicklers/Errichters
- Grundlegende Systemdaten (Bemessungsleistung, Wechselrichterkonzept, Ausrichtung und Neigung des PV-Generators, Netzverknüpfungspunkt, Angaben zu Leistungsoptimierern, ...)
- Messprotokolle nach DIN VDE 0100-600 bzw. DIN VDE 0105-100 über die Prüfung der Wechselspannungsseite
- Messprotokolle und Prüfbericht nach DIN VDE 0126-23-1 zur Gleichspannungsseite mit Angaben zu den Prüfverfahren nach DIN VDE 0126-23-1 Abs. 6 und Abs. 7
- Konformitätsnachweise der Niederspannungs-Schaltgerätekombinationen (Verteiler) nach Niederspannungsrichtlinie 2014/35/EU mit Nachweis der Übereinstimmung der zutreffenden normativen Anforderung gemäß DIN VDE 0660-600-1/-2/-3 (Stückprüfungsprotokoll)
- Schaltungsunterlagen zur Ausführung der Wechselspannungsseite nach DIN VDE 0100-510 Abs. 514.5 und der Gleichspannungsseite nach DIN VDE 0126-23-1 Abs. 4.3. (Hinweis: Ab drei PV-Strängen ist nach DIN VDE 0126-23-1 Abs. 4.4 ein Schaltplan erforderlich.)
- Dachbelegungs- und Übersichtspläne der PV-(Teil-)Generatorfelder mit Angaben zu Brand- und Komplextrennwänden
- Angaben zur Montagekonstruktion nach DIN VDE 0126-23-1 Abs. 4.6, z. B. in Form von Verwendbarkeitsnachweisen, Bauartenzulassungen und ggf. Berechnungen
- Nachweis über die bestimmungsgemäße Ausführung der Montagearbeiten des PV-Generators (Fotodokumentation von nicht ersichtlichen Stellen, Ballastierungspläne, verwendete Befestigungsmittel, ...)
- Nachweise zur Dachstatik und äußere Beanspruchungen (z. B. Windlastzone), sofern erforderlich
- Angaben zur Erdung des PV-Generators sowie die Nachweise über dessen Wirksamkeit
- Datenblätter der PV-Module, Wechselrichter, Montagekonstruktion etc., weiteres Installationsmaterial nach DIN VDE 0126-23-1 Abs. 4.5

- Montage- und Bedienungsanleitungen (Wechselrichter, Montagekonstruktion, Überspannungs-Schutzgeräte, ...)
- Angaben zum Blitz- und Überspannungsschutz (Blitzschutzklasse, Trennungsabstände, Blitzschutzzonenkonzept, innerer Blitzschutz, ...)
- Angaben zum Brandschutz des Gebäudes (Brandabschnitte, Aufschaltung auf Meldeanlagen (z. B. Brandmeldeanlage, Leitungsverlegung innerhalb des Gebäudes, etwa in notwendigen Fluren)
- Brandschutzkonzept und Auflagen, sofern erforderlich und vorhanden
- Angaben über die Vereinbarung der VDE-AR-E 2100-712 oder Teilen davon (z. B. Angaben zu Abschalteinrichtungen des PV-Generators)
- Obliegenheiten aus dem Versicherungsvertrag (Anwendung von bestimmten VdS-Richtlinien z. B. VdS 3145, Prüfung nach VdS SK 3602, ...)
- Protokolle zur Netzanmeldung bzw. der Zustimmung den Netzbetreibers nach VDE-AR-N 4100 und VDE-AR-N 4105 (Hinweis: Bei Anlagen > 135 kWp ist ein Betriebserlaubnisverfahren und eine Anlagenzertifizierung erforderlich.)
- Inbetriebnahmeprotokolle nach VDE-AR-N 4100 und VDE AR-N 4105 durch den Netzbetreiber
- Nachweise der Erzeugungseinheiten (PV-Wechselrichter) nach DIN VDE V 0124-100
- Nachweise über den Netz- und Anlagenschutz (NA-Schutz) gemäß VDE AR-N 4105 Anhänge E.6, E.7 und Nachweis über die Erprobung

5.6 Besichtigen der Gleichspannungsseite

Das Besichtigen der Gleichstromseite umfasst die Auswahl und Anordnung der PV-Module über die Kabel- und Leitungsanlage der DC-Seite bis hin zu den Anschlussstellen des Wechselrichters. Im Vergleich zu elektrischen Anlagen für allgemeine Zwecke sind im Rahmen der Besichtigung folgende Besonderheiten zu beachten:

- Auswahl der PV-Module nach Anwendungsklassen,
- Auswahl entsprechend den Betriebsbedingungen,
- Eignung und Einbau der Sperrdioden,
- Auswahl der Betriebsmittel hinsichtlich der äußeren Einwirkungen,
- Schutzart der Betriebsmittel,
- mögliche Verschmutzungen an den PV-Modulen,

- Eignung und Ausführung der Montagekonstruktion,
- Brandlast und Brandfortleitung.

5.6.1 Auswahl der PV-Module nach Anwendungsklassen

PV-Module sind für sich genommen eigenständige Erzeugungseinheiten, die über Steckvorrichtungen zu einem PV-Strang seriell oder parallel zu einem PV-Array geschaltet werden können. Im Gegensatz zu fest angeschlossenen elektrischen Betriebsmitteln werden PV-Module über Steckverbinder (MC4-Stecker) verbunden. Werkzeug ist hierfür nicht erforderlich, so dass diese in der Praxis auch durch Dachdecker oder andere nicht elektrotechnischen Berufe bei der Montage zusammengesteckt werden.

Werden mehrere PV-Module zu einem PV-Strang in Reihe geschaltet, übersteigt die Strangspannung schnell die Grenze von 120 V, so dass die Schutzmaßnahme „Schutz durch Kleinspannung mittels SELV oder PELV“ nicht mehr anwendbar ist. Die Zulässigkeit bzgl. der Bemessungsspannungen einzelner, in Reihe geschalteter PV-Module ist hinsichtlich der Betriebsmittelauswahl und Aufbau des PV-Strangs auf der Anwendungsklasse nach DIN VDE 0123-30-1 zu entnehmen (**Tabelle 5.1**).

Anwendungsklasse A ist dabei die gängigste. PV-Module dieser Anwendungsklasse sind für den Gebrauch in Systemen mit einer Gleichspannung > 120 V geeignet. Diese entsprechen Schutzklasse 2 und sind so für die Anwendung der Schutzmaßnahme „Schutz durch doppelte oder verstärkte Isolierung“ geeignet.

Anwendungsklasse C lässt ausschließlich begrenzte Spannungen bis 120V (DC) zu. Innerhalb dieser Anwendungsklasse wird davon ausgegangen, dass der PV-Strang die Anforderungen der Schutzklasse 3 erfüllt. Solche PV-Module kommen aufgrund der beschränkten Spannungen fast ausschließlich bei Laienanwendungen zum Einsatz, z.B. bei Komplettbausätzen mit einfachem Insel-Wechselrichter und Batterien zur autarken Versorgung von Gartenhäusern oder Caravans.

	Anwendungsklasse		
	A	**B**	**C**
zulässige Spannung des Systems	≥ 120 V (DC)	k. A.	≥ 120 V (DC)
Schutzklasse	SK 2	SK 0	SK 3
weitere Aspekte	k. A.	Einschränkung des Zugangs erforderlich	

Tabelle 5.1 Anwendungsklassen nach DIN VDE 0123-30-1 Abs. 3

Anwendungsklasse B wird eigentlich nicht angewendet. Diese PV-Module sind ausschließlich auf abgeschlossene Bereiche beschränkt. Sie verfügen über eine Basisisolierung und über keine Beschränkung der zulässigen Systemspannung, womit die nach DIN VDE 0100-712 vorgegebenen Schutzmaßnahmen des PV-Generators nicht erfüllt sind. Zudem ist anzumerken, dass die Schutzklasse 0 in Deutschland nicht zur Anwendung kommt.

5.6.2 Auswahl entsprechend den Betriebsbedingungen

Im Rahmen der Prüfung ist festzustellen, ob bzw. dass die elektrischen Betriebsmittel (Leitungen, Stecker, Strangdioden, Anschlussklemmen) für die zu erwartenden Spannungen und Ströme geeignet sind. Im Vergleich zu Versorgungsstromkreisen in allgemeinen elektrischen Anlagen ist bei PV-Strängen von einem Dauerlastverhalten auszugehen. Das bedeutet, dass für die Auslegung der Kabel- und Leitungsanlage auf der DC- und AC-Seite davon auszugehen ist, dass diese grundsätzlich zu 100 % belastet werden, wodurch ein Gleichzeitigkeitsfaktor von $g = 1$ für die Strombelastbarkeit der Kabel- und Leitungen anzusetzen ist.

Für die Auslegung der Gleichstromseite sind die maximalen Kurzschlussströme $I_{SC,MAX}$ und die maximalen Leerlaufspannungen $U_{OC,MAX}$ gemäß der Berechnungsmethoden nach DIN VDE 0100-712 Anhang B, wie in Abschnitt 5.3.2 *Schutzmaßnahmen gegen elektrischen Schlag am PV-Generator* beschrieben, anzusetzen.

Eignung und Einbau der Sperrdioden

Sperrdioden sind ab zwei parallel geschalteten PV-Strängen erforderlich. Sie werden in Reihe mit den PV-Strängen angeschlossen. Sie vermeiden bei parallel geschalteten PV-Strängen Rückströme in elektrisch verkürzte PV-Stränge. Dies ist zum Beispiel der Fall bei Spannungsunterschieden zwischen den PV-Strängen in Folge von Temperaturunterschieden und (Teil-)Verschattungen. Zudem verhindern Sperrdioden bei Isolationsfehlern in einem Strang, dass die Isolationsfehlerstelle von den anderen parallel liegenden PV-Strängen gespeist wird. Bei Verschattungen dreht sich beim betroffene PV-Strang das Vorzeichen der Spannung um, so dass dieser als Verbraucher arbeitet. Sperrdioden müssen demnach in Sperrrichtung für die 2-fache maximale Leerlaufspannung eines PV-Strangs und des Kurzschlussstroms in Durchlassrichtung für das 1,1-fache des maximalen Kurzschlussstroms $I_{SC,MAX}$ ausgelegt sein.

Sind Sperrdioden in den PV-Strängen erforderlich, ist durch Besichtigen festzustellen, dass diese

- vorhanden,
- entsprechend ihrer Sperrrichtung eingebaut sowie
- diese für die elektrischen Beanspruchungen passend ausgewählt sind.

Der korrekte Einbau sowie die Identifizierung von defekten Strangdioden kann zudem durch Messung der Durchgängigkeit oder einer *U*/*I*-Kennlinienmessung überprüft werden.

5.6.3 Auswahl der Betriebsmittel hinsichtlich der äußeren Einwirkungen

Betriebsmittel elektrischer Anlagen sind gemäß DIN VDE 0100-100 Abs. 132.5 entsprechend ihren zu erwartenden Umgebungsbedingungen auszuwählen und ihrer bestimmungsgemäßen Verwendung entsprechend zu installieren. So kann z. B. der Hersteller die Verwendung für Innen- oder Außenaufstellung einschränken, während die angegebene IP-Schutzart ausreichend wäre.

Auf der Gleichspannungsseite sind die elektrischen Betriebsmittel des PV-Generators permanent erhöhten Umgebungseinflüssen durch Wind, Sonneneinstrahlung und Regen ausgesetzt. Hierzu müssen PV-Module, Steckverbindungen, Anschlusskästen, Kabel und Leitungen sowie die Montagekonstruktion für diese äußeren Einflüsse geeignet sein.

Schutzart von Betriebsmitteln

Gehäuse müssen im Freien nach DIN VDE 0100-712 Abs. 712-512-102 mindestens der Schutzart IP 44 sowie mindestens der Schutzart IK07 gegen äußere mechanische Beanspruchungen entsprechen. Ein weiterer zu prüfender Aspekt betrifft die Abstände der Wechselrichter zueinander und zu anderen Hindernissen, die möglicherweise die Zirkulation der Luft zur Kühlung beinträchtigen können. Wechselrichter auf Dächern sind durch eine Überdachung und/oder durch geeignete Auswahl des Montageorts vor direkter Sonneneinstrahlung zu schützen (**Bild 5.5**). Vor direkter Sonneneinstrahlung schützt z. B. die Ausrichtung der Frontseiten nach Norden.

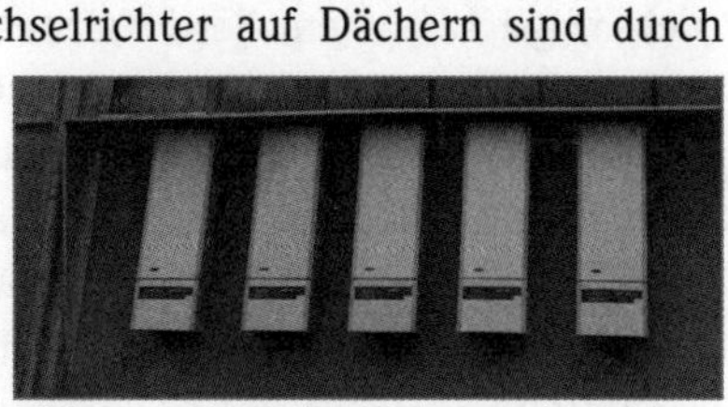

Bild 5.5 PV-Wechselrichter an der Gebäudeaußenseite mit Überdachung

Verschmutzung der PV-Module

Ein relevantes Thema für PV-Strangleitungen und PV-Generatoren ist die Verschmutzung. Verschmutzungen auf PV-Modulen beeinträchtigen die PV-Generatorerträge: Vogelkot, Blätter o. ä. führen zu punktuellen Verschattungen auf den PV-Modulen. Diese können anhand einer Kennlinienmessung durch Dellen in der Kennlinie leicht erkannt werden, zumal sich solche Verschmutzungen in der Regel signifikant auf den Anlagenertrag auswirken.

Sind PV-Module mit einem Winkel größer als 30° angestellt, werden Verschmutzungen größtenteils durch Regen weggespült. Bei flach aufgestellten PV-Modulen bzw. direkt auf Flachdächern montierten PV-Modulen wirkt sich der Wegwascheffekt nur wenig aus, so dass die PV-Module in regelmäßigen Intervallen gereinigt werden sollten. Insbesondere bei PV-Modulen mit Rahmen führt dieser Umstand zu Randverschmutzungen, die in hoher Menge zu Schlagschatten führen und so die Anlagenerträge erheblich reduzieren können. Anders sieht es mit *diffusen Verschattungen* durch Staub o. ä. aus. Besonders in der Nähe von Industrieanlagen ist mit atmosphärisch bedingten Verschmutzungen zu rechnen. Diese lagern sich auf den PV-Modulen gleichmäßig ab.

Solche diffusen Verschattungen verursachen im Vergleich zu Schlagschatten keine Dellen in der U/I-Kennlinie des PV-Strangs. Diese Ablagerungen setzen sich in der Regel auf alle PV-Module gleichermaßen ab, so dass diese weder durch die Anlagenerträge noch anhand von Überwachungssystemen, die die PV-Stränge einzeln überwachen, erkannt werden. Verschmutzungen an PV-Modulen sind nicht sicherheitsrelevant. Dennoch sollte im Rahmen der Prüfung auch die Art der umliegenden Industriegebäude und anderen Verschmutzungsquellen berücksichtigt werden.

5.6.4 Montagekonstruktion

Im Rahmen der Prüfung ist durch Besichtigen die korrekte Montage der Betriebsmittel zu prüfen. Bei PV-Generatoren auf Dächern darf die Montagekonstruktion nicht unzulässig verändert werden. Entsprechend sind mögliche Eingriffe in die Dachstatik, Dachdichtigkeit und mögliche gegenseitige Beeinflussungen durch andere technische Anlagen zu bewerten. Hierbei sind im Rahmen der Prüfung von PV-Stromversorgungssystemen auf Dächern in Industrieanlagen, öffentlichen Gebäuden o. ä. die Öffnungsradien von RWA-Kuppeln oder Ausblasöffnungen von Ablaufanlagen explosionsgefährdeter Bereiche zu beachten. Zudem sind mögliche Wechselwirkungen und Beeinträchtigungen durch Kontaktkorrosion mit Befestigungsmitteln oder Weichmacherwanderungen zwischen Dachhaut und Auflagematten zu beachten. Liegt die Montagekonstruktion mit Montagematten auf der Dachhaut auf, sind die Kunststoffe durch geeignete Beschichtungen voneinander zu trennen (**Bild 5.6**). Des Weiteren sind Kontaktkorrosionen zwischen Metallen durch Montagemittel aus Edelstahl zu vermeiden. Grundsätzlich sollte bei größeren PV-Anlagen eine Liste der verwendeten Materialien vorliegen.

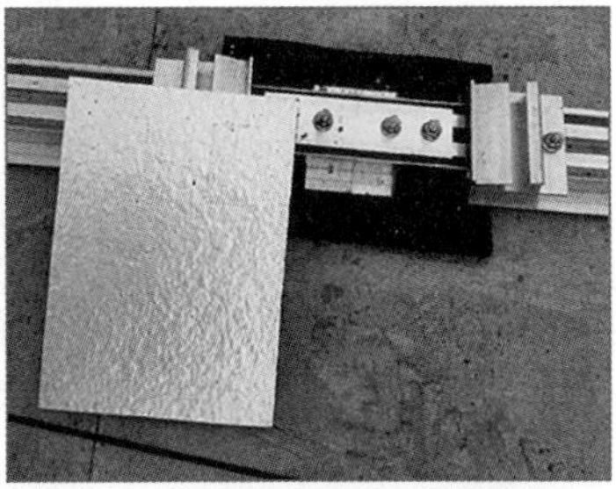

Bild 5.6 Unterlegmatte mit Alufolie zur Vermeidung von Weichmacherwanderung

Befestigung

Durch Besichtigen der Montagekonstruktion kann auch ein Prüfer mit elektrotechnischem Hintergrund die bestimmungsgemäße Verwendung der Befestigungsmaterialien augenscheinlich überprüfen. Andernfalls sollte ein Sachverständiger für Bautechnik hinzugezogen werden. Stockschrauben müssen im rechten Winkel zur Montagekonstruktion angeordnet sein. Zudem sind Schrauben und Unterlegscheiben gemäß der Montage- und Bedienungsanleitung zu verwenden. Bei schräger Anordnung (Beispiel **Bild 5.7**: nicht fachgerecht befestigte Stockschraube) kann sich die Anpresskraft der Schraube nicht die volle Fläche berühren, so dass die Anpresskraft der Schraube reduziert ist und sich Letztere somit lockern kann.

Bild 5.7 Nicht fachgerecht befestigte Stockschraube

Ballastierung

Problematisch wird die Bewertung der korrekten Befestigung bei ballastierten Montagekonstruktionen. Diese sind ausschließlich mit Steinen beschwert und sollen so bei Windlasten den PV-Generator an Ort und Stelle halten. Gerade die Schnittstelle zur Statik und der Windlastberechnung stellt Prüfer von PV-Anlagen immer wieder vor neue Herausforderungen. Hier sollte sich der Prüfer grundsätzlich eine rechtssichere Dokumentation über die Einstufung der Windlastzone und die Berechnung und Planung der erforderlichen Ballastierungen zeigen lassen. Im Prüfbericht sollte klar der Verweis auf die vorhandenen Dokumente vorliegen und die Beurteilung der Statik aus dem Prüfungsumfang bei der Prüfung nach DIN VDE 0126-23-1 ausgenommen werden. Anhand des Balllastierungsplans sollte sich der Prüfer dennoch durch Stichproben vergewissern, dass die Balllastierungssteine gemäß den Planungsunterlagen ausgewählt und in ausreichender Anzahl vorhanden sind. Da die Ballastierungssteine ohne Werkzeug entfernbar sind, sollte hier im Prüfbericht ein Hinweis auf die regelmäßige Überprüfung der Balllastierung erfolgen. Bei Erstprüfungen oder baubegleitenden Abnahmen sollte eine Fotodokumentation angefertigt werden. Bei Schadenseintritt kann so die ursprüngliche Ausführung nachgewiesen werden. In **Bild 5.8** ist ein typischer Sturmschaden abgebildet. Hier wurde aufgrund der Sogwirkung im Bereich der Dachkante ein PV-Teilgenerator angehoben. Die Ballastierungssteine beschädigten dann weitere PV-Module. Zum Glück blieb es nur bei einem Sachschaden.

Bild 5.8 Sturmschaden an einem PV-Generator

5.6.5 Auswahl der Befestigungsmittel und Dachdichtigkeit

Bei Trapezdächern lässt sich durch einen Blick unter die Montagekonstruktion relativ einfach die korrekte Auswahl der Befestigungsmittel feststellen. Liegen die Montagekonstruktion und das Trapez nicht parallel, ist früher oder später mit unzulässig hohen Schmutzablagerungen zu rechnen. Zudem haben bei solchen Konstruktionen Dichtungsmaterialien keinen ausreichenden Anpressdruck und sind demnach unwirksam (**Bild 5.9**). Gleiches gilt bei zu fest angezogenen Schrauben.

Bild 5.9 Trapezdach mit Montagekonstruktion

5.6.6 Baulicher Brandschutz

PV-Strangleitungen auf dem Dach sowie die PV-Generatoren dürfen weder einen Brand verursachen, begünstigen oder auf andere Gebäudeteile fortleiten. Die Bauteile von PV-Anlagen, insbesondere der PV-Module, enthalten brennbare Stoffe, die je nach Anordnung eine Brandausbreitung auf dem Gebäude und eine Brandübertragung auf andere Gebäudeteile verursachen können. Hier darf insbesondere der Brandschutz und die Standsicherheit nicht beeinträchtigt werden. Im Rahmen der Prüfung sind hierzu zudem die zutreffenden Bauvorschriften zu beachten. Hinsichtlich der Besichtigung des PV-Generators ist zu beachten, dass

- zwischen PV-Modulen und Brandwänden ein ausreichender Abstand besteht,
- die Kabel und Leitungen nicht ungeschützt über Brandabschnitte verlegt sind und
- größere zusammenhängende PV-(Teil-)Generatoren in Teilfelder untergliedert sind.

Bei der Beurteilung der erforderlichen Abstände zu Brandwänden ist zu unterscheiden, ob die Oberkanten der PV-Module über die Brandwand hinausragen oder nicht. Ragen die PV-Module über die Brandwand hinaus, muss nach Musterbauordnung der Abstand zum PV-(Teil-)Generator mindestens

2,50 m betragen, um eine Brandausbreitung zu verhindern. PV-Generatoren auf großen Dachflächen sind in Teilgeneratorfeldern mit ausreichendem Abstand zu unterteilen. Durch die Unterteilung soll die Brandausbreitung auf großen Dächern, wie Industrieanlagen und Lagern, verhindert werden. Durch die Abstände werden Brandschneisen gezogen. Nach spätestens 40 m Seitenlänge der PV-(Teil-)Generatoren müssen diese brandlastfreien Streifen von mindestens 5 m Breite vorhanden sein. Abweichungen von den gültigen Baubestimmungen sind als Mangel aufzuführen.

Ist eine Überbrückung von Brandabschnitten durch Verlegung der Kabel und Leitungen nicht zu vermeiden, so sind diese durch geeignete Maßnahmen gegen Brandfortleitung zu schützen. Diese Kanäle müssen gemäß VdS 2234 Abs. 6.2.5 der Feuerwiderstandsklasse S90 entsprechen. Im Rahmen der Prüfung sind die erforderlichen Zulassungsbescheide und Verwendbarkeitsnachweisen zu beachten.

5.6.7 Brandlast und Brandfortleitung

Die PV-Module sowie die Kabel und Leitungen der Gleichspannungsseite dürfen weder einen Brand begünstigen, noch dürfen Brände auf andere Gebäudeteile übergehen. Es ist zudem stets darauf zu achten, dass bestehende Schutzfunktionen und deren Nutzen hinsichtlich des baulichen Brandschutzes und der Standsicherheit nicht beeinträchtigt werden. Im Rahmen der Prüfung sind demnach folgende Aspekte zu berücksichtigen:

- Anordnung der PV-(Teil-)Generatoren auf dem Dach und Abstände zu Brand- und Komplextrennwänden gemäß den Bauordnungen der Länder,
- Leitungsführung über und durch Brand- und Komplextrennwände mit geeigneten Kabelmontagesystemen und
- mögliche Beeinträchtigungen anderer Anlagen und Funktionen.

Hierzu ist im Rahmen der Prüfung das Brandschutzkonzept, sofern erforderlich, zu sichten und die Umsetzung der festgelegten Maßnahmen zu überprüfen. Hierbei sind zudem mögliche Schnittstellen zu anderen Prüfungen, z. B. die der Brandmeldeanlage und der Abschalteinrichtung für die Feuerwehr, zu beachten.

PV-Strangkabel sind ab der Stromquelle nicht zwingend mit einer Schutzeinrichtung zum Schutz vor Kurzschluss nach DIN VDE 0100-430 zu versehen. Nach DIN VDE 0100-520 521.11 sind demnach Kabel und Leitungen erd- und kurzschlusssicher zu verlegen. Auf Dächern wird dies erreicht durch

- Verlegung einadriger Kabel mit einem nichtmetallischen Mantel oder
- isolierte einadrige Leitungen, die in einzeln isolierten Installationsrohren oder geschlossenen Kabelkanälen verlegt sind.

In **Bild 5.10** ist ein offenen Kabelkanal dargestellt. **Bild 5.11** zeigt die provisorische und unzureichende Befestigung der PV-Strangleitungen an einer Montagekonstruktion.

Die direkte Verlegung auf dem Dach ist sowohl aus Sicht der erd- und kurzschlusssicheren Verlegung als auch des Schutzes vor äußeren Einflüssen (Wind, mechanische Beanspruchungen und Nagetierfraß) unzulässig. Im Rahmen der Prüfung sind durch Besichtigen der DC-Seite folgende Aspekte zu beachten:

- DC-Leitungen dürfen nicht direkt auf dem Dach verlegt werden und müssen ausreichend befestigt sein (**Bild 5.12**),
- das Installationsmaterial insbesondere Installationsrohre und Befestigungsmittel sowie Gehäuse und Verteiler müssen UV-beständig sein (**Bild 5.13**),
- Brandabschnitte dürfen nur in einem geschlossenen metallenen Kanal überquert werden,
- auf langen Dächern muss zwischen den PV-Teilgeneratorfeldern ausreichend großer Abstand bestehen, um eine Brandfortleitung zu verhindern (sogenannte *virtuelle Brandwände*, **Bild 5.14**).

Bild 5.10 Offene Kabelkanäle auf der DC-Seite

Bild 5.11 Unzureichende Befestigung der DC-Leitungen mit Kabelbindern und fehlende Befestigung der Halterung am Trapezdach

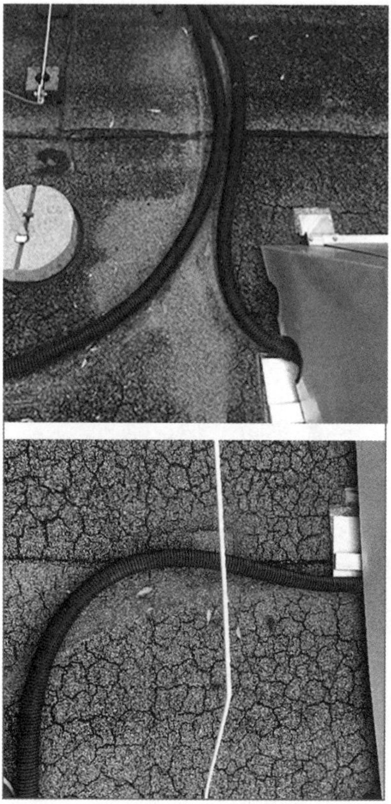

Bild 12 Unzureichend befestigte DC-Leitung, aufliegend im Schutzrohr auf der Dachhaut

Bild 5.13 Unzureichend befestigte DC-Leitung, aufliegend im Schutzrohr auf der Dachhaut

Bild 5.14 Ungeschützte Leitungsverlegung über eine Brandwand

5.6.8 Bauwerksdurchdringungen und Kabelführung im Gebäude

Kabel und Leitungen der Gleichspannungs- oder Wechselspannungsseite werden von außen in das Gebäude eingeführt. In der Regel erfolgt das Einführen der Gleichstromkabel von Flachdächern über hierfür vorgesehene Einführungssysteme, sogenannte *Schwanenhälse*. Je nach Standort der PV-Wechselrichter können auch die Gleichstromleitungen an der Gebäudeaußenwand oder über eine Dacheinführung nach unten zur Hauptverteilung geführt sein. Bei der Durchführung von Gleichspannungsleitungen durch das Gebäude sind hierzu die Anforderungen aus dem Brandschutzkonzept, sofern vorhanden, und die Anwendung der VDE-AR-E 2100-712 zu beachten. Idealerweise sind die PV-Wechselrichter auf dem Dach installiert, so dass der Aspekt nicht weiter zu betrachten ist. Hierzu ist vom Prüfer u.a. in Erfahrung zu bringen, ob besondere Anforderungen an DC-Trenneinrichtungen und die Verlegung der Kabel und Leitungen innerhalb des Gebäudes bestehen. Dies ist ggf. als Bewertungskriterium hinzuzuziehen.

Innerhalb eines Gebäudes darf die Kabel- und Leitungsanlage weder einen Brand begünstigen, noch den Brand in andere Gebäudeabschnitte fortleiten. Hierfür sind die Wand und Deckendurchbrüche für Kabel und Leitungen brandschutzgerecht zu verschließen.

„Brandschutzgerecht verschlossen“ gilt, wenn die Kabel- und Leitungsdurchführungen durch Wände und Decken so verschlossen sind, dass die erforderliche Feuerwiderstandsdauer nicht beeinträchtigt ist. Leitungen, die durch Abschottungen geführt werden, müssen demnach mindestens die gleiche Feuerwiderstandsdauer wie die raumabschließenden Teile aufweisen. Innerhalb von Installationsschächten oder Kanälen geführte Leitungen müssen an den Öffnungen mindestens die gleiche Feuerwiderstandsfähigkeit wie die raumabschließenden Teile aufweisen und aus nichtbrennbaren Baustoffen bestehen. Erleichterungen hinsichtlich der Anforderungen nach MLAR A-I 4.1 sind ausschließlich für einzelne Leitungen zulässig.

Die verwendeten Kabelschottungen müssen entsprechend der Prüfung nach DIN 4102-9 mit den Feuerwiderstandsklassen S30 bis S180 klassifiziert sein; sie benötigen eine Zulassung vom DIBt (Deutsches Institut für Bautechnik). Die Kabelschottungen sind unter Berücksichtigung des Brandschutzkonzepts, der Einteilung der Brandabschnitte sowie unter Berücksichtigung der zutreffenden Verordnungen der Bundesländer und der Leitungsanlagenrichtlinie zu besichtigen.

Beim Besichtigung der Brandschottungen ist festzustellen, dass

- die Brandschottungen von beiden Seiten verschlossen sind,
- die Brandschottungen mit einer Brandschutzkennzeichnung versehen sind, die das Brandschott innerhalb des Gebäudes eindeutig unter Angabe der Feuerwiderstandsklasse bezeichnet,
- das Brandschott augenscheinlich entsprechend dem Verwendbarkeitsnachweis unter Beachtung des Mindestabstands zu anderen Durchführungen errichtet ist,
- der Abstand zu anderen Durchführungen eingehalten ist. Liegt keine Verwendbarkeitsbachweis vor, ist ein Abstand zu anderen Durchführungen (z. B. Rohrdurchführungen) nach MLAR A-I 4.1.3 von mindestens 50 mm einzuhalten und
- das Schott nach nachträglicher Verlegung von Kabeln und Leitungen wieder verschlossen wurde.

Im Rahmen von Erst- und Wiederholungsprüfungen ist festzustellen, ob die Durchführungen von Kabeln und Leitungen in Teilen der Gebäudekonstruktion entsprechend der erforderlichen Feuerwiderstandsdauer verschlossen sind. Hierzu ist durch Besichtigen festzustellen, dass Kabel- und Leitungsdurchführung durch Wände, Decken, Fußböden, Zwischenwände und Hohlwände mit einer geeigneten Brandschottung versehen sind. Typischerweise gerät insbesondere bei Photovoltaikanlagen in gewerblichen und kommunalen Objekten dieser Aspekt aufgrund der vielen Schnittstellen zu anderen Gewerken und mangels Abstimmung zwischen Planern, Errichtern und Betreiber gern in Vergessenheit (**Bild 5.15**).

Bild 5.15 Das Beispiel zeigt eine Leitungsdurchführung eines elektrischen Betriebsraums. Auf dem Bild ist zu erkennen, dass das Brandschott zur nachträglichen Kabelverlegung geöffnet wurde.

Die Bauwerksdurchdringung sind nach DIN 18012 (z. B. durch Kernbohrungen, den Einbau von Futterrohren, durch Schalungen hergestellte Aussparungen) so auszuführen, dass die dauerhafte Funktions- und Betriebsfähigkeit der Bauwerksabdichtung und der Kabel/Rohre sowie der Standsicherheit und Gebrauchstauglichkeit des Gebäudes nicht beeinträchtigt werden. Im Gegensatz zu Brandschotten haben Bauwerksdurchdringungen den Zweck, die Dichtigkeit des Bauwerks zu erhalten und Wärmebrücken zu vermeiden. Die Bauwerksdurchdringung muss gas-/wasserdicht und gegebenenfalls wasserdicht ausgeführt bzw. abgedichtet werden. Hierzu ist durch Besichtigen festzustellen, ob bzw. dass die Bauwerksdurchdringungen entsprechend den Herstellervorgaben ausgeführt sind (**Bild 5.16**).

Bild 5.16 Nicht verschlossene Bauwerksdurchdringung einer Photovoltaik-Wechselversorgungsleitung zum Außenbereich

5.7 Messungen an der Gleichspannungsseite

Auf der Gleichspannungsseite sind spannungsführende Teile vorhanden, die vor der Prüfung nicht freigeschaltet werden können. Die Anschlussstellen des PV-Generators sowie die gesamte Gleichspannungsseite stehen deshalb auch bei abgeschalteten Wechselrichtern unter Spannung! Der PV-Generator treibt abhängig von der Sonneneinstrahlung einen Gleichstrom. Das Trennen der Steckverbindungen des PV-Generators/Teilgenerators darf nur im stromlosen Zustand erfolgen, da hier die Gefahr eines Lichtbogens hoch ist. Stecker dürfen deshalb nie bei hoher Sonneneinstrahlung getrennt werden.

Die Messgeräte müssen die Anforderungen der Normenreihe DIN EN 61557 (VDE 0413) erfüllen. Betriebsmessabweichungen sind bei der Beurteilung des Messergebnisses zu berücksichtigen. Wenn eine Kurzschlusseinrichtung für die Prüfung eingesetzt wird, sollten die PV-Generatorkabel sicher in der Kurzschlussvorrichtung angeschlossen werden, bevor der Kurzschlussschalter betätigt wird. Die Kurzschlusseinrichtung muss in der Lage sein, den Kurzschlussstrom zu führen und sicher zu trennen.

Die DIN VDE 0126-23-1 ist unterteilt in „erforderliche" und „optionale" Prüfungen. „Erforderliche Prüfungen" bezeichnet die DIN VDE 0126-23-1 als Prüfungen der Kategorie 1, „optionale Prüfungen" als Prüfungen der Kategorie 2. Damit besteht im Vergleich zur den Prüfnormen DIN VDE 0100-600 und DIN VDE 0105-100 Unklarheit hinsichtlich des erforderlichen Prüfungsumfangs, wodurch es immer wieder zu Meinungsverschiedenheiten zwischen Errichtern, Planern und Betreibern kommt. Fakt ist, dass *Prüfungen der Kategorie 1* dem Nachweis der bestimmungsgemäßen Installation, der korrekten Verschaltung und dem Nachweis über die Wirksamkeit der Schutzmaßnahmen dienen. Neben dem Besichtigen sind bei Kategorie 1 Prüfungen gemäß **Tabelle 5.2** durchzuführen.

Prüfungen der Kategorie 2 sowie optionale Prüfungen werden ergänzend durchgeführt. Prüfungen der Kategorie 2 lassen Aussagen über die Art und Qualität der PV-Stränge hinsichtlich ihrer funktionalen Eigenschaften zu. Zusätzliche Prüfungen werden zusammen mit den Infrarotprüfungen und *U/I*-Kennlinienmessungen optional zur Fehlersuche und/oder Bewertung der Anlagenerträge angewendet.

Kategorie 1 (Mindestanforderungen)	Kategorie 2 (optionale Prüfungen zu Kategorie 1)
– Durchgangsprüfung der Erdungs- und/oder Potentialausgleichsleiter, sofern vorhanden – Polaritätsprüfung – Prüfung von Generatoranschlusskästen – Prüfung der Leerlaufspannung des Strangs – Strompüfung des Strangkreises (Kurzschluss- oder Betriebsstrom) – Funktionsprüfungen – Isolationswiderstand der Gleichstromkreise	– *U*/*I*-Kennlinienprüfung – Infrarotprüfung **zusätzliche Prüfungen (optional)** – Spannung gegen Erde – bei Systemen mit Widerstandserdung – Prüfung von Sperrdioden – Isolationswiderstand im Nasszustand – Bewertung der Schattenverhältnisse

Tabelle 5.2 Übersicht der Mindestanforderungen und optionalen Messungen nach DIN VDE 0126-23-1

5.7.1 Durchgängigkeit des Schutzleitersystems

Zur Messung der Durchgängigkeit der Schutzleiter ist ein Messgerät nach DIN EN 61557-4 (VDE 0413-4):2007-12 zu verwenden. Der Prüfstrom zum Nachweis der Schutzmaßnahme darf nach DIN VDE 0413 Abs. 4.2 im minimalen Messbereich einen Wert von 0,2 A nicht unterschreiten. Die Betriebsmessunsicherheit liegt bei einer Messung bei 30% und ist bei der Bewertung zu berücksichtigen. Zu prüfen sind

- der Anschluss an der Haupterdungsklemme,
- die Durchgängigkeit des Array-Rahmens,
- die Durchgängigkeit der Montagekonstruktion zum Funktionspotentialausgleich und
- die Anschlussklemmen in Niederspannungs-Schaltgerätekombinationen und Schutzleiteranschlussstellen.

Da es keine vorgegebenen Grenzwerte gibt, sind die spezifischen Leiterwiderstände der Schutzleiterverbindungen nach DIN VDE 0100-600 Tabelle A.1 nach

- dem Leitermaterial,
- dem Leiterquerschnitt,
- den Leitungslängen und
- der möglichen Leitertemperatur im Fehlerfall

zu bewerten.

5.7.2 Messung der Leerlaufspannungen

Mit der Messung der Leerlaufspannungen ist die korrekte Verschaltung der PV-Stränge nachzuweisen (**Bild 5.17**). Die Messwerte sind untereinander zu vergleichen. Höhere Abweichungen deuten auf fehlerhafte Betriebsmittel im Strang oder auf falsche Strangverkabelungen oder elektrische Verkürzungen des Strangs hin. Die Polaritäts- und Spannungsprüfung sollte als Erstes durchgeführt werden, da bei fehlerhafter Verkabelung bei Isolationsmessungen die Bypass-Dioden der PV-Module beschädigt werden können. Die Messwerte sind mit den Datenblattangaben der PV-Module, multipliziert mit der Anzahl der PV-Module in einem PV-Strang, zu vergleichen. Neben den Leerlaufspannungen sind die Temperaturen zu beachten. Erstreckt sich eine Prüfung, z. B. bei großen Anlagen, über mehrere Tage und unterschiedlichen Bestrahlungs- und Temperaturbedingungen, sind die Modultemperaturen bei der Interpretation der Leerlaufspannungen zu berücksichtigen. Die gemessenen Spannungen können um den Einfluss der Modultemperaturen anhand des Temperaurkoeffizienten der Spannung bereinigt werden.

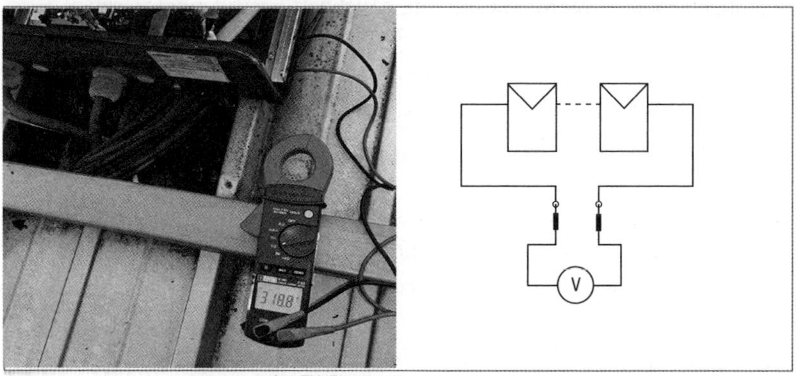

Bild 5.17 Spannungsmessung der PV-Strangspannung an einem Anschlusskasten

Hierzu ist in der Formel für K_U (siehe Abschnitt 5.3.2 *Schutzmaßnahmen gegen elektrischen Schlag am PV-Generator)* die gemessene Modultemperatur einzusetzen. Der Vergleich erfolgt damit über die temperaturbereinigten Leerlaufspannungen nach folgender Formel:

$$\frac{U_{OC,Mess}}{[1 + \frac{\alpha_{U_{OC}}}{100} \cdot (T_{Modul,\,Mess} - 25\,°C)]} = U_{OC,STC} \cdot N_S$$

Alternativ kann die Messung an mehreren PV-Strängen gleichzeitig erfolgen.

5.7.3 Messung des Kurzschlussstroms

Die Messung des Kurzschlussstroms (**Bild 5.18**) dient wie die Leerlaufspannungsmessung dem Nachweis der korrekten Verschaltung der einzelnen PV-Stränge. Der Kurzschlussstrom eines PV-Strangs ist gemäß Abschnitt 5.3.1 *Elektrisches Verhalten der PV-Module* proportional zur *Bestrahlstärke*. Idealerweise herrschen bei der Messung gleichbleibende Einstrahlungsbedingungen, so dass die Kurzschlussströme demzufolge im gleichen Bereich liegen. Alternativ darf auch der Betriebsstrom gemessen werden (**Bild 5.19**). Die DIN VDE 0126-23-1 lässt Abweichungen von bis zu 5 % der Kurzschlussströme zu. Allerdings sind hierfür auch ausreichend hohe Bestrahlstärken erforderlich, da sonst aufgrund des Schwachlichtverhaltens und Messgerätetoleranzen der Messfehler durchaus höher sein kann. Bei instabilen Einstrahlungsbedingungen ist somit die Messung zu einem späteren Zeitpunkt zu wiederholen bzw. nachzuholen.

Alternativ dürfen bei instabilen aber ausreichend hohen Einstrahlungsbedingungen mehrere Strommessgeräte gleichzeitig verwendet werden. Hier-

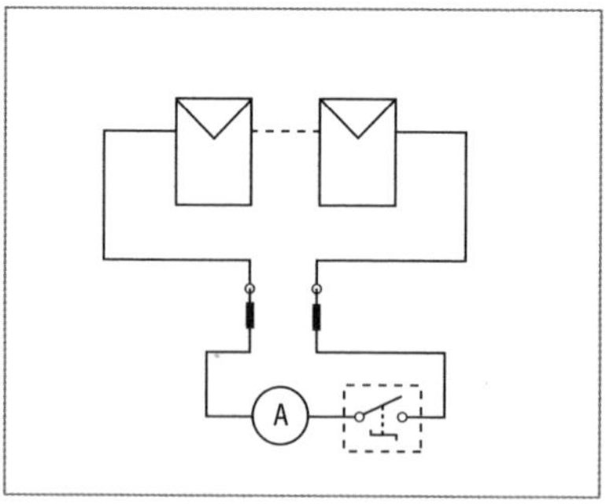

Bild 5.18 Kurzschlussstrommessung mit DC-Trenneinrichtung

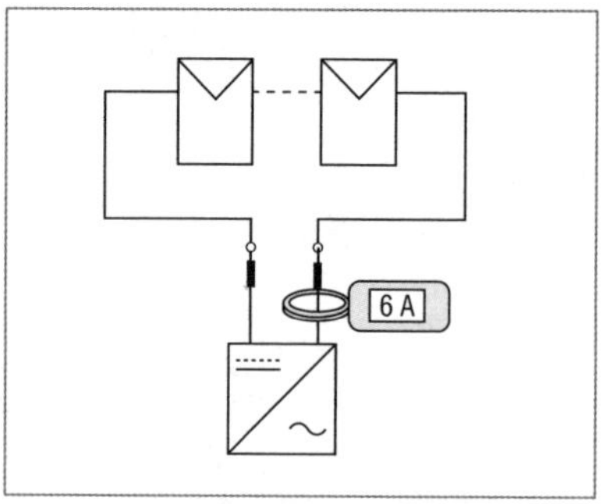

Bild 5.18 Betriebsstrommessung mit Stromzange

zu ist ein PV-Strang, der nachweislich korrekt verschaltet ist (sodass Defekte an den Betriebsmitteln ausgeschlossen werden können), als Referenz bei der Messung der anderen PV-Stränge hinzuzuziehen. Die Messwerte der einzelnen PV-Stränge sind dann einzeln mit dem Referenzstrang zu vergleichen.

Eine weitere Möglichkeit, eine Bewertung bei instabilen Einstrahlungsbedingungen vorzunehmen, ist die zeitgleiche Erfassung der Bestrahlstärke in Modulebene und des Kurzschlussstroms. Über die Beziehung des Kurzschlussstroms aus Abschnitt 5.3.1 kann hierzu folgende Beziehung abgeleitet werden:

$$\frac{I_{\mathrm{SC,Mess}} \cdot G_0}{G_{\mathrm{Mess}}} = I_{\mathrm{SC,STC}} \cdot N_{\mathrm{P}}$$

Beispiel

Nehmen wir an, es sind die Kurzschlussströme bei instabilen Einstrahlungsbedingungen von zwei PV-Strängen zu messen. Der Kurzschlussstrom I_{sc} wird laut Datenblatt des Herstellers mit 8,7 A angegeben. Bei Strang 1 wird ein Kurzschlussstrom von 3 A bei leicht bewölkten Witterungsverhältnissen gemessen. Zum Zeitpunkt der Messung an Strang 2 verziehen sich die Wolken und der gemessene Kurzschlussstrom beträgt 7,4 A. Ohne Erfassung der Bestrahlstärke in Modulebene können die Messwerte nicht miteinander verglichen werden. Nun werden zeitgleich zur Kurzschlussstrommessung die Bestrahlstärken in Modulebene erfasst. Bei Strang 1 beträgt die Bestrahlstärke 354 W/m², bei Strang 2 sind es 845 W/m². Über die oben angegebene Beziehung können die Kurzschlussströme bestrahlungsbereinigt miteinander verglichen werden.

Strang 1:

$$\frac{3\ \mathrm{A} \cdot 1.000\ \mathrm{W/m^2}}{345\ \mathrm{W/m^2}} = 8{,}69\ \mathrm{A}$$

Strang 2:

$$\frac{7{,}4\ \mathrm{A} \cdot 1.000\ \mathrm{W/m^2}}{845\ \mathrm{W/m^2}} = 8{,}75\ \mathrm{A}$$

Das Beispiel zeigt, dass die bestrahlungsbereinigten Kurzschlussströme nahezu dem Kurzschlussstrom unter STC entsprechen. Allerdings sind neben der Betriebsmessabweichung der Strommessung auch die Messabweichungen des Einstrahlungssensors zu berücksichtigen.

5.7.4 Alternative zur Leerlauf- und Kurzschlussmessung

Betriebsstrommessung

Die Kurzschlussstrommessung an PV-Strängen birgt grundsätzlich ein Risiko durch Gleichfehlerlichtbögen beim Trennen der Stränge. Hier sind entsprechende DC-Trennschalter im Messequipment erforderlich. Die DIN VDE 0126-23-1 lässt alternativ zur Kurzschlussstrommessung auch die Messung der Betriebsströme zu. Der Betriebsstrom, auch *MPP-Strom* genannt, weicht bei nicht fehlerbehafteten PV-Strängen in der Regel nicht mehr als –5 % vom Kurzschlussstrom ab. Die Betriebsströme sind miteinander zu vergleichen. Fällt die *U*/*I*-Kennlinie im Kurzschlusspunkt steil ab, deutet dies auf einen reduzierten Parallelwiderstand im PV-Strang hin. In der Praxis handelt es sich dabei um Isolationsfehler oder parallele Isolationsfehler innerhalb in den PV-Zellen. Über die gemessenen Betriebsströme und Vergleich der PV-Stränge können so ohne aufwändige *U*/*I*-Kennlinienmessungen die PV-Stränge auch hinsichtlich der funktionalen Eigenschaft verglichen werden.

Kennlinienmessung

Die Messung der Leerlaufspannungen und Kurzschlussströme kann auch durch Messung der *U*/*I*-Kennlinie ersetzt werden. Die Messung bietet zum einen den Vorteil, dass die PV-Stränge nicht manuell kurzgeschlossen werden müssen, was das Risiko eines Lichtbogens beim Trennen der Verbindungen nach der Messung reduziert. Zum anderen können Fehler (defekte Bypass-Dioden, Verschattungen etc.) gleichzeitig anhand der Kennlinie erkannt werden. Dellen in der Kennlinie oder ein starkes Abflachen im Leerlauf- und Kurzschlusspunkt der Kennlinien können mit den unterschiedlichen Fehlerbildern in der Interpretationshilfe zum Kennlinienverlauf im informativen Anhang der DIN VDE 0126-23-1 verglichen werden. Wird die Kennlinie ohne Erfassung der Bestrahlstärke aufgezeichnet, sind ausschließlich qualitative Aussagen möglich. Mit Erfassung der Bestrahlstärke kann über das Messgerät die nominelle Leitung des PV-Strangs bzw. eines PV-Moduls ermittelt werden.

Gegenüber der einfachen Strom- und Spannungsmessung folgende Fehler erkannt werden:

- Schäden an einzelnen Zellen und PV-Modulen,
- kurzgeschlossene Bypass-Dioden,
- Verschattungen,

- Abweichungen der Strom- und Spannungstoleranzen der PV-Module,
- erhöhte Reihenwiderstände,
- Nebenschlusswiderstände in den PV-Modulen/Zellen.

Wird zudem die Bestrahlstärke und die Modultemperatur parallel über eine Referenzzelle erfasst, kann bei Bestrahlstärken über 400 W/m^2 die Nennleistung der PV-Module bestimmt werden.

5.7.5 Isolationswiderstand des PV-Generators

Auf der Gleichspannungsseite ist der Isolationswiderstand zu messen. Bei der Einstellung der Messwerte sind die sogenannten *Systemspannungen* zu beachten. Damit führt die DIN VDE 0126-23-1 einen weiteren Kennwert ein. Die Systemspannung ergibt sich aus der Summe der Leerlaufspannungen multipliziert mit dem Faktor 1,25.

Zur Erinnerung: Die maximale Leerlaufspannung eines Strangs wird nach DIN VDE 0100-712 Anhang B mit einem Faktor K_U von 1,2 beaufschlagt, sofern nichts anderes angegeben ist. Dass die DIN VDE 0100-712 und die DIN VDE 0126-23-1 hier unterschiedliche Bezeichnungen und Sicherheitsfaktoren verwenden, ist vermutlich auf parallele internationale Normungsverfahren zurückzuführen. Grundsätzlich ist bei der Einstellung der Prüfgleichspannung darauf zu achten, dass diese mindestens so groß wie die maximal vorkommende Spannung in einem Stromkreis ist. Hierfür sind die nach DIN VDE 0100-600 Tabelle 41.1 vorgegebenen Prüfgleichspannungen einzustellen. Häufig wird bei Anwendung der DIN VDE 0100-Reihe vergessen, dass der Anwendungsbereich neben Wechselspannungen bis 1 kV auch Gleichspannungssysteme bis 1,5 kV umfasst. Für PV-Stromversorgungssysteme gelten bei Anwendung der DIN VDE 0126-23-1 die Grenzwerte aus **Tabelle 5.3.** Bei genauem Hinsehen fällt auf, dass sich die Stufen der einzustellenden Spannungen nicht von den Grenzwerten aus der DIN VDE 0100-600 Tabelle 41.1 unterscheiden. Lediglich sind die Bezeichnungen „Nennspannung des Stromkreises“ in der DIN VDE 0126-23-1 durch die Bezeichnung

Systemspannung nach DIN VDE 0126-23-1 V_{oc}(STC) · 1,25	$U_{Prüf}$	R_{iso}	Nennspannung des Stromkreises DIN VDE 0100-600
<120 V	250 V DC	0,5 MΩ	SELV und PELV
>120 V bis 500 V	500 V DC	1,0 MΩ	≤ 500 V und FELV
>500 V bis 1000 V	1000 V DC	1,0 MΩ	> 500 V
>1000 V	1500 V DC	1,0 MΩ	k.A.

Tabelle 5.3 Gegenüberstellung der Isolationswiderstände aus DIN VDE 0100-600 und DIN VDE 0126-23-1

„Systemspannung“ ersetzt (siehe Tabelle 5.3). Die Grenzwerte unterscheiden sich nicht.

Herrschen am Aufstellort der PV-Module niedrigere Temperaturen, ist die maximale Leerlaufspannung wie in Abschnitt 5.7.2 *Messung der Leerlaufspannungen*. beschrieben höher. In diesen seltenen Fällen sind die Prüfgleichspannungen nach der maximalen Leerlaufspannung einzustellen.

Für die Prüfung des Isolationswiderstands auf der Gleichspannungsseite definiert die DIN VDE 0126-23-1 nach Abschnitt 6.7.2 zwei Prüfverfahren.

Beim Prüfverfahren 1 werden bei offenem PV-Strang zwei Messungen jeweils mit positiver Elektrode und negativer Elektrode gegen Erde durchgeführt (**Bild 5.20**).

Beim Messverfahren 2 erfolgt eine Messung des kurzgeschlossenen PV-Strangs gegen Erde (**Bild 5.21**). Für das Kurzschließen des PV-Strangs ist wie bei der Messung des Kurzschlussstroms eine geeignete Kurzschlussvorrichtung zu verwenden.

Bei der Messung gegen Erde ist zwischen PV-Generatoren mit elektrisch leitfähigen Rahmen, die elektrisch mit Erde verbunden sind, und isoliert aufgebauten PV-Generatoren zu unterscheiden. Bei Ersterem ist die Messung gegen den Rahmen durchzuführen. Im zweiten Fall muss das Erdpotential auf der Haupterdungsschiene abgegriffen werden.

PV-Generatoren über 10 kW dürfen für die Messung zusammengefasst werden, sofern die Grenzwerte nicht unterschritten werden. Zusätzlich kann die Isolationsmessung im Nasszustand zur Identifizierung von feuchtigkeitsbedingten Leckagen auf der DC-Seite genutzt werden.

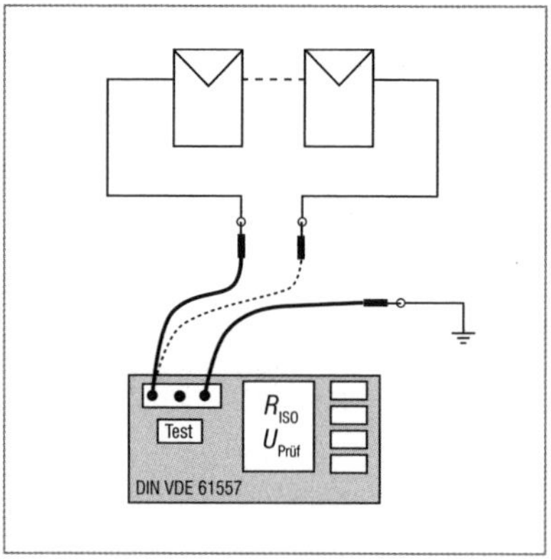

Bild 5.20 Prüfung des Isolationswiderstands /Messverfahren 1 nach DIN VDE 0126-23-1 Abs. 6.7.2

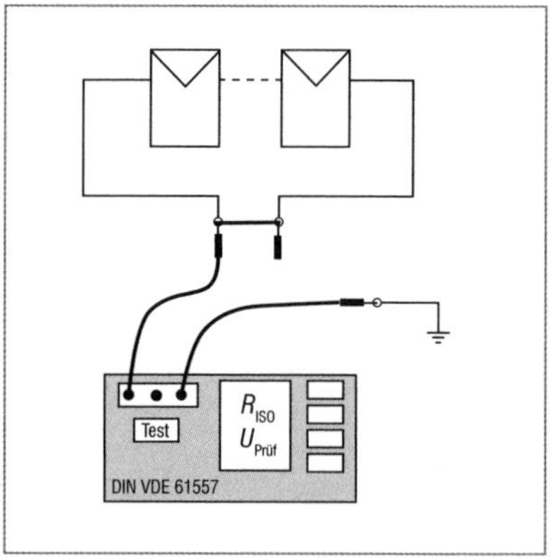

Bild 5.21 Prüfung des Isolationswiderstands/Messverfahren 2 nach DIN VDE 0126-23-1 Abs. 6.7.2

5.8 Fehlerbilder

Zu niedrige Leerlaufspannungen, Kurzschlussströme und Abweichungen im Verlauf der *U/I*-Kennlinien (**Bild 5.22**) können auf verschiedene arraybedingte, einstellungsbedingte oder messbedingte Fehler zurückgeführt werden. Hierzu sind in der DIN VDE 0126-23-1 im informativen Anhang D verschiedene Fehlerbilder gelistet (vgl. **Tabelle 5.4**).

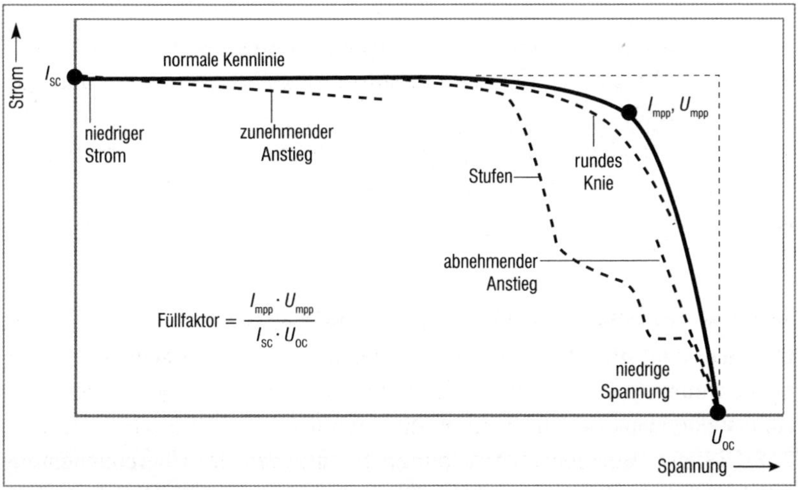

Quelle: DIN EN 62446-1

Bild 22 *I/U*-Kennlinie

	Abweichung	1	2	3	4	5	6
array-bedingte Ursachen	teilweise Abschattung PV-Modul, PV-Array (z. B. Fangstange)	X					
	Streifenschatten (Module im Hochformat)		X				
	teilweise Verschmutzung oder anderweitig bedeckt (Schnee usw.)	X					
	erhebliche und gleichmäßige Abschattung aller Zellen			X			
	Schrägschatten						X
	gleichmäßige Verschmutzung		X				
	Schmutzstreifen (Module im Hochformat)		X				
	kegelförmige Verschmutzung						X
	PV-Zelle/PV-Modul beschädigt	X					
	Bypass-Diode kurzgeschlossen oder leitende Verbindung	X		X			
	Minderleistung der PV-Zellen/PV-Modul		X				
	PID (potentialinduzierte Degradation)			X			
	falsche Anzahl PV-Module im PV-Strang			X			
	Rundung des Knies der *I/U*-Kennlinie kann auf einen Alterungsprozess hindeuten. Der waagrechte und senkrechte Anstieg ist dabei zu überprüfen.				X		

Tabelle 5.4 Mögliche erkennbare Fehlerursachen aus der Kennlinienmessung (Teil 1/2)

	Abweichung	1	2	3	4	5	6
array-bedingte Ursachen	Verkabelung fehlerhaft oder unterdimensioniert, erhöhte Übergangswiderstände durch unsachgemäße Pressverbindungen					X	
	erhöhter PV-Modulreihenwiderstand					X	
	Nebenschlusspfade in PV-Zellen durch punktuelle Fehler innerhalb der Zelle						X
	Abweichung des Kurzschlussstroms des Moduls						X
einstellungs-bedingte Ursachen	fehlerhafte Eingabe der PV-Moduldaten		X	X			
	fehlerhafte Anzahl der PV-Moduldaten						
messbedingte Ursachen	Kalibrierung des Bestrahlungssensors		X				
	Bestrahlungssensor ist nicht in der gleichen Ebene wie die PV-Modulfläche montiert		X				
	sich ändernde Bestrahlungsstärken während der Kennlinienmessung		X				
	erhöhte gemessene Bestrahlstärke durch Albedo-Wirkung		X				
	zu geringe Bestrahlstärke (400 W/m^2)		X	X			
	Abweichung der gemessenen Zelltemperatur vom Messwert						

Quelle: DIN EN 62446-1

Tabelle 5.4 Mögliche erkennbare Fehlerursachen aus der Kennlinienmessung (Teil 2/2)

Messung des Isolationswiderstands im Nasszustand

Optional kann die Messung der Isolationswiderstände zusätzlich im Nassbereich durchgeführt werden. Die PV-Wechselrichter überwachen den Isolationswiderstand der DC-Seite. Hierzu sind nach DIN VDE 0100-712 Abs. 712.538.101 Isolationsüberwachungseinrichtungen in Übereinstimmung mit DIN EN 61557-8 (VDE 0413-8) zu verwenden. Ist die Isolationsüberwachungseinrichtung im Wechselrichter integriert, kann diese auch mit DIN EN 62109-2 (VDE 0126-14-2) übereinstimmen. Der Grenzwert des Isolationswiderstands liegt durch den Wechselrichter bei

$$R = \frac{U_{\mathrm{PV,max}}}{30\ \mathrm{mA}}$$

Die Spannung $U_{\mathrm{PV,max}}$ ist der Bemessungswert der höchsten Eingangsgleichspannung am DC-Eingang des Wechselrichters. Wird dieser Grenzwert unterschritten, schaltet der Wechselrichter nicht zu. Bei Wechselrichtern mit Funktionserdung liegt z. B. der erwartete Gesamtwiderstands nach DIN EN 62109-2 (VDE 0126-14-2) Abs. 4.8.2.2 a) bei 40 MΩ/m^2. Im Nasszustand können die Grenzwerte unterschritten werden und der Wechselrichter schaltet nicht zu. Besonders in den Morgenstunden setzt sich Tau auf den Steckverbindern, Betriebsmitteln und den PV-Modulen ab, so dass dort der Grenzwert des Isolationswiderstands unterschritten wird und der Wechselrichter nicht zuschaltet. Einige Wechselrichter, insbesondere ältere Modelle, gehen nach einer Messung in Störung. Die Folge ist, dass diese bis zur manuellen Quittierung nicht mehr zuschalten und die Anlagennutzerträge bis dahin verloren gehen. Andere Wechselrichter überprüfen in regelmäßigen Intervallen den Isolationswiderstand, so dass nach dem Abtauen der Grenzwert nicht mehr unterschritten ist und der Wechselrichter verspätet zuschaltet.

Im Rahmen von Prüfung und Instandhaltungsmaßnahmen der PV-Anlagen kann ergänzend der Isolationswiderstand im Nassbereich gemessen werden; dadurch können Isolationsfehler durch Nässe erkannt und abgestellt werden.

5.9 Schutz bei Überstrom auf der DC-Seite

PV-Generatoren, PV-Stränge und PV-Module sind bestrahlungs- und temperaturabhängige Stromquellen mit begrenztem Kurzschlussstrom. Der maximale Kurzschlussstrom ist nach Abschnitt 5.3.1 zu berechnen. Dieser darf die zulässige Dauerstrombelastbarkeit der DC-Leitungen nicht überschreiten.

5.9.1 Strombelastbarkeit der DC-Seite

Die einzelnen PV-Stränge sind gegen Überstrom zu schützen. Der Schutz bei Überstrom im Kontext der DIN VDE 0100-430 umfasst zum einen den Schutz bei Überlast und zum anderen den Kurzschlussschutz. PV-Generatoren stehen seitens der PV-Module unter Spannung. Diese sind über die PV-Strangkabel an die Gleichspannungseingänge der PV-Wechselrichter angeschlossen. Hinsichtlich der Energieflussrichtung fließt der Gleichstrom von den PV-Modulen bzw. PV-Strängen zu den DC-Eingängen. Normalerweise sind die Strangsicherungen in den PV-Wechselrichtern angeordnet, wodurch sie damit innerhalb des Leitungsstrangs nicht unmittelbar an der Einspeisestelle der Gleichstromkreises (an den PV-Modulen) angeordnet sind. Damit dienen Strangsicherungen ausschließlich dem Überlastschutz.

PV-Strangkabel sind ab der Stromquelle nicht zwingend mit einer Schutzeinrichtung zum Schutz vor Kurzschluss nach DIN VDE 0100-430 zu versehen. Nach DIN VDE 0100-520 Abs. 521.11 sind demnach Kabel und Leitungen erd- und kurzschlusssicher zu verlegen. Auf Dächern wird dies erreicht durch Verlegung

- einadriger Kabel mit einem nicht metallischen Mantel oder
- isolierter einadriger Leitungen, die in einzeln isolierten Installationsrohren oder geschlossenen Kabelkanälen verlegt sind.

Leitungen der Bauart „H1Z2Z2-K“ sind UV-beständig und dürfen sowohl im Freien fest als auch frei hängend verlegt werden. Sie erfüllen zudem die Anforderungen an eine erd- und kurzschlusssichere Verlegung, sodass bei vorhandenen Bauartennachweis im Rahmen der Prüfung das Augenmerk nur noch auf den Schutz bei Überlast zu legen ist.

Die Auswahl der PV-Strangkabel und PV-Generator- bzw. Teilgeneratorkabel sind hinsichtlich ihrer Eignung und der Strombelastbarkeit zu prüfen. Die DC-Verkabelung der PV-Stränge ist für Systemspannungen bis 1,5kV (DC) nach DIN EN 50618 (VDE 0283-618) auszulegen. Die Verlegearten auf Dächern beschränken sich im Gegensatz zu den Referenz-Verlegearten nach DIN VDE 0298-4 auf folgende Verlegungen:

- Einzelverlegung in Luft,
- Einzelverlegung an Flächen,
- zwei Leitungen berührend an Flächen.

Die höchst zulässige Umgebungstemperatur liegt bei 90 °C. Ebenso ist eine Verlegung in Elektroinstallationskanälen und Rohren zulässig.

Die Auswahl der Kabel und Leitungen hinsichtlich ihrer Strombelastbarkeit ist auf Einhaltung der folgenden Ungleichung zu überprüfen.

$$I_{SC,MAX} \leq I_Z$$

Für die Bewertung der Strombelastbarkeit der PV-Teilgeneratorleitungen sind die maximalen Kurzschlussströme des PV-Teilgeneratorfelds zu summieren. Der Belastungsgrad ist mit $g = 1$ anzusetzen. Zu beachten sind die Reduktionsfaktoren für die Temperaturen nach DIN EN 50618 (VDE 0283-618), siehe **Tabelle 5.5**. Unterhalb der PV-Module kommt es aufgrund eingeschränkter Luftzirkulation zu erhöhten Temperaturen. Hierbei spielt die Art und Ausführung der Montagekonstruktion eine entscheidende Rolle. Sind die PV-Module wie in **Bild 5.23** in einem niedrigen Anstellwinkel auf einem Flachdach montiert, ist selbstredend die Temperaturentwicklung höher als im Vergleich zu Freiflächenanlagen. Auf Dächern ist demnach grundsätzlich ein Reduktionsfaktor von 0,92 anzusetzen.

In der Praxis erweist sich die Befestigung von Steckverbindern und den DC-Kabeln als schwierig. Meist sind diese unzureichend mit Kabelbindern befestigt und hängen deshalb mit der Leitung durch. Oder sie liegen direkt auf der Dachhaut auf und sind parallel verlegt, sodass die dritte Spalte der Strombelastbarkeitstabelle (**Tabelle 5.6**) hinzugezogen werden sollte.

Umgebungstemperatur in °C	Reduktionsfaktor
bis 60	1,00
70	0,92
80	0,84
90	0,75

Tabelle 5.5 Strombelastbarkeit für DC-Leitungen nach DIN EN 50618 (DIN VDE 0283-618) – Reduktionsfaktoren für Umgebungstemperatur

Bild 5.23 Aufstellung von PV-Modulen mit niedrigem Anstellwinkel

Nennquerschnitt in mm^2	Strombelastbarkeit in A bei Verlegeart für Umgebungstemperaturen von 60 °C und einer höchstzulässigen Temperatur am Leiter von 120 °C		
	Einzelleitung frei in Luft	Einzelleitung an Flächen	zwei Leitungen berührend, an Flächen
1,5	30	29	24
2,5	41	39	33
4	55	52	44
6	70	67	57
10	98	93	79
16	132	125	107
25	176	167	142
35	218	207	176
50	276	262	221
70	347	330	278

Tabelle 5.6 Strombelastbarkeit für DC-Leitungen nach DIN EN 50618 (DIN VDE 0283-618) Tabelle A.3

5.9.2 Schutz bei Überlast auf der DC-Seite

Schutzeinrichtungen vor Überstrom sind so auszulegen, dass die Kabel und Leitungen sowie die PV-Module nicht mit unzulässig hohen Strömen beansprucht werden. Der Schutz vor Überstrom ist demnach entsprechend den Anforderungen nach DIN VDE 0100-430 Abs. 433.1 (*Nennstromregel*) auszulegen. Hinsichtlich des Überstromschutzes ist der Schutz bei Überstrom für folgende Fälle zu unterscheiden:

- eine Schutzeinrichtung je Strang,
- mehrere parallele Stränge je Schutzeinrichtung,
- Überstromschutz der PV-Strangleitung und des Teilgeneratorkabels,
- Schutz des Hauptgeneratorfeldkabels,
- Schutz des PV-Versorgungskabels.

Für die Betrachtung des Überstromschutzes ist dieser mit dem Faktor 1,1 zu multiplizieren. Hier nach DIN VDE 0100-712 Abs. 712.433 von 10 % Reflexionsstrahlung durch die Umgebung, dem sogenannten *Albedo*, ausgegangen. Der Faktor kann jedoch auch bei besonderen PV-Modultechnologien und reflektierenden Umgebungen (z. B. in Schneegebieten) höher liegen.

Liegen höchstens zwei PV-Stränge parallel, ist keine Überstrom-Schutzeinrichtung gefordert.

Im Rahmen der Prüfung ist festzustellen, dass der maximale Kurzschlussstrom eines Strangs die zulässige Dauerstrombelastbarkeit I_z der DC-Leitung nicht überschreitet. Die maximale Strombelastbarkeit ist in Übereinstimmung des Leiterquerschnitts und der Verlegeart zu ermitteln. Auf der DC-Seite ist bei bis zu zwei parallel geschalteten PV-Strängen kein Schutz vor Überlast erforderlich. Die Dauerstrombelastbarkeit I_z der DC-Leitungen darf an keiner Stelle überschritten werden. Parallel geschaltete PV-Stränge oder einzelne PV-Module müssen über die gleichen elektrischen Eigenschaften verfügen. Das heißt, dass in der Praxis PV-Module vom gleichen Typ in einem Strang bzw. in einem PV-Generator zu verwenden sind.

Bei Wechselrichtern mit mehreren unabhängigen MPP-Trackern, die so konstruiert sind, dass ein Rückstrom zwischen den DC-Eingängen fließen kann, ist die Anzahl der parallel geschalteten Stränge N_s mit der Anzahl der am Wechselrichter angeschlossenen MPP-Eingänge gleichzusetzen.

Es gilt

$$I_{SC,MAX} \leq I_Z$$

Bei mehr als zwei parallel geschalteten Strängen summieren sich im Fehlerfall die Ströme der nicht fehlerbehafteten Stränge zum Rückstrom. Dieser kann zu einer überhöhten thermischen Belastung der PV-Module führen. Hierfür sind nach DIN VDE 0100-712 712.432 Schutzeinrichtungen so auszuwählen und anzuordnen, dass die Leitung sowie die PV-Module nicht mit unzulässig hohen Strömen belastet werden. Der Schutz vor unzulässig hohen Rückströmen wird erreicht durch

- eine allpolige Anordnung von Überstrom-Schutzeinrichtungen oder
- zusätzliche Sperrdioden an jedem Strang.

Sperrdioden stellen jedoch keinen Ersatz für den Schutz bei Überstrom dar und dürfen diesen demnach nicht ersetzen.

Bei *mehr als zwei parallel geschalteten Strängen* kann im Fehlerfall ein Rückstrom in den fehlerhaften PV-Strang fließen. Der Rückstrom setzt sich aus der Summe der nicht vom Fehler betroffenen Stränge zusammen. Es ist sicherzustellen, dass im Fehlerfall der Rückstrom die PV-Module des fehlerhaften Strangs nicht unzulässig beansprucht. Der maximale vom Hersteller angegebene Strom $I_{\mathrm{MOD\_MAX\_OCPR}}$ mit dem Sicherheitsfaktor 1,35 darf nicht unterhalb des maximalen Rückstroms liegen. Unter der Voraussetzung, dass die folgende Bedingung erfüllt ist, kann bei mehr als zwei parallel geschalteten PV-Strängen auf den Überstromschutz verzichtet werden.

Es gilt:

$$1{,}35 \cdot I_{\mathrm{MOD\_MAX\_OCPR}} < (N_{\mathrm{S}} - 1) \cdot I_{\mathrm{SC,MAX}}$$

5.10 Prüfungen auf der Wechselspannungsseite

Wechselspannungsseitig umfasst der Prüfungsumfang der PV-Wechselstromversorgungskreise den Leitungsabschnitt zwischen Schutzeinrichtungen und Wechselrichter. Die Prüfung umfasst im Wesentlichen den Nachweis über die Wirksamkeit der Schutzmaßnahmen:

- Schutz gegen elektrischen Schlag nach DIN VDE 0100-410 und
- Schutz bei Überstrom nach DIN VDE 0100-430.

Vor der eigentlichen Prüfung werden die elektrischen Eigenschaften von PV-Wechselrichtern wechselspannungsseitig von netzgekoppelten Anlagen erläutert. Durch den Ausbau von Speichern kann allerdings je nach Ausführung auch ein Inselnetz betrieben werden. Im Netzparallelbetrieb besteht eine synchrone Verbindung zum öffentlichen Stromversorgungsnetz, so dass diese nur zuschalten, wenn zwischen den AC-Ausgängen der Wechselrichter und den Netzanschlussklemmen die folgenden Sychronisationsbedingungen erfüllt sind:

- gleiche Spannung,
- gleiche Frequenz und
- gleiche Phasenlage.

Hierzu verfügen heutzutage alle PV-Wechselrichter über eine integrierte automatische Schaltstelle nach DIN VDE 0126-1-1. Sind die Synchronisationsbedingungen nicht erfüllt, schalten netzgekoppelte PV-Wechselrichter ab und öffnen die integrierte Trennstelle im Wechselrichter. Selbiges geschieht bei Wegfall von einem oder zwei Außenleitern und wenn die Spannungen und Frequenzen außerhalb der zulässigen Toleranzbänder liegen.

5.11 Schutz bei Überstrom auf der AC-Seite

Durch Besichtigen der Schutzeinrichtung hinsichtlich der Anordnung und Auswahl sowie der angeschlossenen Leiterquerschnitte im Klemmenfeld ist der Schutz bei Überstrom zu prüfen.

5.11.1 Überlastschutz

Der Überlastschutz verhindert unzulässige Erwärmungen der Kabel, Leitungen sowie Betriebsmittel. Der Überlastschutz ist unter Berücksichtigung der Nennstromregel und Auslöseregel nach DIN VDE 0100-430 zu bewerten. Hierbei sind die Kabel und Leitungen auf der Wechselspannungsseite gemäß DIN VDE 0100-520 und DIN VDE 0298-4 zu dimensionieren. Bei netzgekoppelten PV-Wechselrichtern fließt der Strom vom Wechselrichter über den PV-Versorgungsstromkreis rückwärts in die Kundenanlage. Zur Koordinierung des Überlastschutzes des PV-Stromversorgungskreises ist nach DIN VDE 0100-712 Abs. 712.433.104 der 1,1-fache maximale Wechselstrom des Wechselrichters als Betriebsstrom anzusetzen. Dieser ist mit dem Betriebsstrom IB nach DIN VDE 0100-430 gleichzusetzen und auf dem Wechselrichtertypenschild angegeben.

$$1{,}1 \cdot I_{\mathrm{ac\,max}} \leq I_{\mathrm{n}} \leq I_{\mathrm{MOD\_MAX\_OCPR}}$$

Der Strom $I_{\mathrm{MOD\_MAX\_OCPR}}$ ist gemäß DIN VDE 0100-712 als maximaler Strom der Überstrom-Schutzeinrichtung für ein PV-Modul definiert. Im Kontext des Überlastschutzes der Wechselspannungsseite ist dieser mit der maximalen Dauerstrombelastbarkeit I_{Z} unter der Berücksichtigung der Reduktionsfaktoren gleichzusetzen. Es gilt demnach folgender Zusammenhang:

$$1{,}1 \cdot I_{\mathrm{ac\,max}} \leq I_{\mathrm{n}} \leq I_{\mathrm{Z}}$$

5.11.2 Kurzschlussschutz

Liegt ein Isolationsfehler vor, fließt ein Kurzschlussstrom vom öffentlichen Stromversorgungssystem zur Isolationsfehlerstelle. Die Abschaltung im Kurzschlussfall bewirkt der aus dem Netz gespeiste Kurzschlussstrom. Schaltet die Schutzeinrichtung ab, sind an den Netzanschlussklemmen der PV-Wechselrichter die Synchronisationsbedingungen nicht mehr erfüllt, worauf die integrierte Schaltstelle den Wechselrichter vom PV-Wechselstromversorgungskreis trennt. Dementsprechend ist der Kurzschlussstrom bei netzgekoppelten PV-Anlagen versorgungsseitig zu betrachten.

5.12 Schutz gegen elektrischen Schlag auf der AC-Seite

Durch Besichtigen des Typenschilds der Wechselrichter ist die Schutzklasse und die IP-Schutzart in Erfahrung zu bringen. In der Regel handelt es sich hierbei um die Schutzklasse 1, so dass die Schutzmaßnahme „Schutz durch automatische Abschaltung im Fehlerfall“ anzuwenden ist.

Die Schutzmaßnahme basiert auf einer Basisisolierung zum Schutz gegen direktes Berühren und einer Fehlerschutzvorkehrung. Der Fehlerschutz besteht neben einem wirksamen Schutzleitersystem aus einer Schutzeinrichtung zur automatischen Abschaltung. Im Rahmen der Prüfung ist deshalb durch Besichtigen, Erproben und Messen die Wirksamkeit der Schutzmaßnahme nachzuweisen.

Durch Besichtigen ist festzustellen, dass die Körper der PV-Wechselrichter mit dem Schutzleitersystem der Kundenanlage verbunden und die Abdeckungen bestimmungemäß angebracht sind.

Im Falle eines Körperschlusses im Wechselrichter fließt ein Fehlerstrom vom öffentlichen Stromversorgungssystem zur Isolationsfehlerstelle des Wechselrichters und über den Schutzleiter zum Sternpunkt der Stromquelle zurück. Die Schutzeinrichtung ist demnach wie der Kurzschlussschutz an der Einspeisestelle des PV-Wechselstromversorgungskreises anzuordnen. Die Auswahl der Schutzeinrichtung erfolgt zum einen nach DIN VDE 0100-410 Abs. 411, wodurch sowohl Überstrom-Schutzeinrichtungen als auch Fehlerstrom-Schutzeinrichtungen in TN- und TT-Systemen zulässig sind.

5.12.1 Auswahl der Schutzeinrichtungen gegen elektrischen Schlag

Die Auswahl des Schutzes gegen elektrischen Schlag ist gemäß folgender Aspekte zu prüfen:

- Anforderung an die Art der Schutzeinrichtungen hinsichtlich Bemessungsstrom, Charakteristik und/oder Bemessungsfehlerstrom,
- erforderlicher Leiterquerschnitt, insbesondere der Schutzleiter,
- Erfordernis von zusätzlichen Schutzleiterverbindungen,
- Schutzklasse und Schutzart des PV-Wechselrichters,
- Beachtung der Montage- und Bedienungsanleitung.

Nach DIN VDE 0100-712 Abs. 712.530 sind Fehlerstrom-Schutzeinrichtungen (RCD) für den Schutz gegen elektrischen Schlag am PV-Wechselstromversorgungskreis vom Typ B vorzusehen. Ausgenommen von der Anforderung sind:

- Wechselrichter mit mindestens einfacher Trennung zwischen Wechselspannungsseite zur Gleichspannungsseite,
- eine einfache Trennung zwischen Wechselrichter und Fehlerstrom-Schutzeinrichtung durch einen Transformator mit getrennten Wicklungen,
- Fälle, in denen eine Bestätigung des PV-Wechselrichterherstellers vorliegt, dass keine Fehlerstrom-Schutzeinrichtungen vom Typ B erforderlich sind.

Bei Letzterem ist darauf zu achten, dass diesem kein RCD vom Typ A vorgelagert ist, da der Eisenkern des vorgelagerten RCDs aufgrund des Gleichfehlerstromanteils (ab 6 mA DC) in Sättigung gehen würde und so der Schutz der nachgelagerten Stromkreise unwirksam wäre. Zudem macht die DIN VDE 0100-410 hinsichtlich des zulässigen Bemessungsfehlerstroms bei Anwendung des Schutzes durch automatische Abschaltung keine Aussage, wodurch mögliche Einschränkungen aus der Montage- und Bedienungsanleitung zu entnehmen sind.

Können die Abschaltbedingungen für den Fehlerschutz nicht eingehalten werden, ist nach DIN VDE 0100 410 Abs 411.3.2.6 ein zusätzlicher Schutzpotentialausgleich vorzusehen. Die Leiterwiderstände sind gemäß DIN VDE 0100-540 auszuwählen. Die Körper der Wechselrichter sind mit der Haupterdungsschiene mit einem Leiterquerschnitt von mindestens 6 mm^2 (Kupfer) oder gleichwertig zu verbinden. Die Verbindung ist durch Messung der Durchgängigkeit der Leiter nach DIN VDE 0100-600 nachzuweisen.

5.12.2 Erproben und Messen auf der AC-Seite

Der Nachweis über die Wirksamkeit der Schutzmaßnahme „Schutz durch automatische Abschaltung“ ist nach DIN VDE 0100-600 zu erbringen. Hierzu sind folgende Messungen durchzuführen:

- Durchgängigkeit der Schutzleiterverbindungen,
- Messen des Isolationswiderstands,
- Messung der Fehlerschleifenimpedanz.

Durch Besichtigen ist festzustellen, dass die Schutzeinrichtung für den Fehlerschutz (Überstrom-Schutzeinrichtung oder RCD) an der Einspeisestelle des PV-Wechselstromversorgungskreises angeordnet ist. Zusätzlich ist bei netzgekoppelten PV-Anlagen ist durch Abschalten die Inselnetzerkennung des Wechselrichters zu erproben. Hierbei muss der Hauptschalter am Wechselrichter den Einspeisebetrieb unterbrechen und den Wechselrichter abschalten.

5.12.3 Messen des Isolationswiderstands

Die Messung des Isolationswiderstands muss bei neu errichteten Anlagen bei Inbetriebnahme vollumfänglich durchgeführt werden. Bei wiederkehrenden Prüfungen kann der Prüfer unter bestimmten Bedingungen den Umfang der Messungen auf Stichproben reduzieren, wenn dadurch eine Beurteilung des gesamten PV-Generators möglich ist.

Auf der Gleichspannungsseite sind spannungsführende Teile vorhanden, die vor der Prüfung nicht freigeschaltet werden können. Die Anschlussstellen des PV-Generators sowie die gesamte Gleichspannungsseite stehen deshalb auch bei abgeschalteten Wechselrichtern unter Spannung.

Der Isolationswiderstand der PV-Wechselstrom-Versorgungskreise ist bei neu errichteten Anlagen entsprechend DIN VDE 0100-600 durchzuführen. Der Isolationswiderstand bei der Erstprüfung ist zwischen

- den aktiven Leitern und
- den aktiven Leitern und den mit der Erdungsanlage verbundenen Schutzleitern

zu messen. Der Neutralleiter ist für diese Messung in einem TN-S-System zuvor zu trennen. Der Wechselrichter stellt dabei ein fest angeschlossenes Betriebsmittel mit einer Bemessungsspannung von 400/230 V dar. Die Messgleichspannung ist entsprechend DIN VDE 0100-600 Tabelle 6.1 einzustellen. Für den genannten Spannungsbereich darf bei neu errichteten Anlagen der Isolationswiderstand der genannten Messpunkte nicht unterhalb von 1 MΩ liegen. Häufig sind im Wechselrichter Überspannungs-Schutzeinrichtungen (SPD) integriert oder im PV-Wechselstrom-Versorgungskreis angeschlossen.

Im Idealfall wird der Isolationswiderstand vor Anschluss des Wechselrichters und der Überspannungs-Schutzeinrichtungen gemessen. Hier empfiehlt es sich,

- wenn der SPD im Wechselrichter integriert ist, diesen entweder abzuklemmen oder
- die Messung vor Anschluss des Wechselrichters am PV-Wechselstrom-Versorgungskreis vorzunehmen.

Sollten die genannten Optionen nicht umsetzbar sein, darf die Messgleichspannung auf 250 V unter der Voraussetzung herabgesetzt werden, dass der Isolationswiderstand mindestens 1 MΩ beträgt. Für wiederkehrende Prüfungen gelten die Grenzwerte in Abhängigkeit vom Montageort der Wechselrichter nach DIN VDE 0105-100. Hierzu gelten im Betrieb die folgenden Grenzwerte für fest angeschlossen Betriebsmittel:

- 300 Ω/V Nennspannung für in Räumen errichtete Wechselrichter und
- 50 Ω/V Nennspannung für im Freien errichtete Wechselrichter.

5.12.4 Nachweis des Schutzes durch automatische Abschaltung

Da PV-Wechselstromversorgungskreise in der Regel als TN-S-Systeme ausgeführt sind, werden lediglich die erforderlichen Prüfschritte hierfür beschrieben. Der Nachweis ist über eine der zwei folgenden Methoden zu erbringen:

- Messung der Fehlerschleifenimpedanz an den Anschlussstellen der Wechselrichter und Messung der Durchgängigkeit der Schutzleiter. Alternativ zur Messung der Fehlerschleifenimpedanz kann der Nachweis ebenso durch Berechnung des einpoligen kleinsten Kurzschlussstroms erbracht werden.
- Die Wirksamkeit der Fehlerstrom-Schutzeinrichtungen ist nachgewiesen, wenn die Abschaltung innerhalb der vorgeschriebenen Abschaltzeiten nach DIN VDE 0100-410 Tabelle 41.1 beim Bemessungsfehlerstrom erfolgt. Ergänzend ist die Durchgängigkeit der Schutzleiter hinter der Schutzeinrichtung zu messen.

5.13 Inselanlagen

Inselwechselrichter stellen an den Netzschlussklemmen das Stromversorgungssystem für die Kundenanlage bereit. Im Gegensatz zum Netzparallelbetrieb sind alle aktiven Leiter des Stromversorgungssystems vom öffentlichen Stromversorgungsnetz getrennt. Im Hinblick mit der Nachrüstung von Speichern ist der Schutz bei Überstrom und der Schutz gegen elektrischen Schlag im Inselbetrieb gesondert zu betrachten. Während im Netzparallelbetrieb mit einem ausreichend hohen Abschaltstrom zu rechnen ist, ist der Kurzschlussstrom im Inselbetrieb durch den Wechselrichter begrenzt. Die Schutzeinrichtungen der Verbraucherpfade sind deshalb im Rahmen der Prüfung ebenfalls zu beachten.

Im Inselsystem kann der Wechselrichter in der Regel nicht den für die automatische Abschaltung erforderlichen Abschaltstrom zur Verfügung stellen. Infolgedessen können in den Verbraucherpfaden ohne Fehlerstrom-Schutzeinrichtung die Schutzmaßnahmen unwirksam werden. Hier kann im Inselbetrieb auf die Ersatzmaßnahme nach DIN VDE 0100-410 Anhang D zurückgegriffen werden. Bei Körperschluss im Verbraucherpfad muss dann der Umrichter die Ausgangsspannung auf unterhalb 50 V (AC) innerhalb der zulässigen Abschaltzeiten nach DIN VDE 0100-410 Tabelle 41.1 (0,4 s im TN-System, 0,2 s im TT-System) absenken und die Stromversorgung spätestens nach fünf Sekunden abschalten. Allerdings erweist sich diese Ersatzmaßnahme bei hohen Anforderungen an die Verfügbarkeit durch die Abschaltung der kompletten Stromversorgung im Inselbetrieb als Nachteil, so dass hier weitere Anforderungen an die Aufrechterhaltung der Stromversorgung zu beachten sind.

Die Anwendung der Ersatzmaßnahme gemäß DIN VDE 0100-410 Anhang D ist hinsichtlich der Prüfung ein typisches Schnittstellenthema zwischen Art und Aufbau der Kundenanlage und den Eigenschaften des Wechselrichters.

In diesem Fall ist bei der Prüfung der Nachweis der Schutzmaßnahmen gegen elektrischen Schlag wie folgt zu erbringen:

- Es ist die Herstellererklärung des Inselwechselrichters zu sichten. Die Herstellererklärung muss einen Hinweis auf die Anwendung der Ersatzmaßnahme gemäß DIN VDE 0100-410 Anhang D enthalten.
- Es ist zu überprüfen, ob der Anschluss am Inselwechselrichter gemäß den Herstellervorgaben ausgeführt ist. Hierbei sind insbesondere folgende Aspekte zu berücksichtigen:

- Einhaltung der erforderlichen Leiterquerschnitte unter Berücksichtigung der Verlegbedingungen,
- Vorhandensein aller Schutzleiteranschlüsse mit den erforderlichen Leiterquerschnitten,
- Einhaltung der zulässigen Leitungslängen und Einhaltung des Spannungsfalls,
- Einhaltung der maximalen Impedanz der Schutzerde.

- Prüfung der Eignung der Betriebsmittel in den Verbraucherpfaden hinsichtlich der Netzform.
- Messung der Durchgängigkeit der Schutzleiterverbindungen zwischen Inselwechselrichter und Körpern.
- Prüfung der Anforderungen an den zusätzlichen Schutzpotentialausgleich.

Mit Einzug der Speicher gibt es neben den reinen netzgekoppelten und reinen Inselanlagen auch PV-Stromversorgungssysteme (siehe **Bild 5.24 a**), die eine Umschaltung zwischen Netzparallel- und Inselbetrieb zulassen. Im Inselbetrieb kann sich die Netzform ändern. Hier wird unterschieden zwischen Wechselrichtern mit und ohne Sternpunktnachbildung. Für die Prüfung bedeutet dieser Umstand den doppelten Prüfumfang. Während im Netzparallelbetrieb (siehe **Bild 5.24 b**) der Schutz durch automatische Abschaltung gemäß DIN VDE 0100-600 durchzuführen ist, kann im Inselbetrieb sich die Netzform ändern. Ausschlaggebend für die Netzform im Inselbetrieb ist die sogenannte *Sternpunktnachbildung* des Wechselrichters. Dabei handelt es sich um eine temporäre Verbindung des Sternpunkts des Inselnetz-bildenden Systems zur Haupterdungsschiene der Kundenanlage. Über die Sternpunktnachbildung wird im Inselbetrieb ein TN- oder TT-System nachgebildet. Aus Stabilitätsgründen muss die Sternpunktnachbildung nach VDE-AR-E 2510-2 einem Leiterquerschnitt von mindestens 10 mm^2 Kupfer oder gleichwertig entsprechen.

Im Netzparallelbetrieb darf die Sternpunktnachbildung grundsätzlich nicht aktiv sein. Wäre diese aktiv, würden über den Sternpunkt des Wechselrichters die Betriebsströme anteilig über das Schutzleitersystem fließen.

Ergänzend zu den Anforderungen nach DIN VDE 0100-600, DIN VDE 0100-712 und DIN VDE 0126-23-1 ist bei inselnetzbildenden Systemen mit Speichern seit der neuen Ausgabe der VDE-AR-E 2510-2 gemäß Abschnitt 6.600 der Schaltzustand der Sternpunktnachbildung zusätzlich zu erproben. Darüber hinaus ist zusätzlich die Durchgängigkeit der Leiter zwischen dem Anschlusspunkt zum Schutzpotentialausgleich und dem temporären Sternpunkt des inselnetzbildenden Systems zu messen.

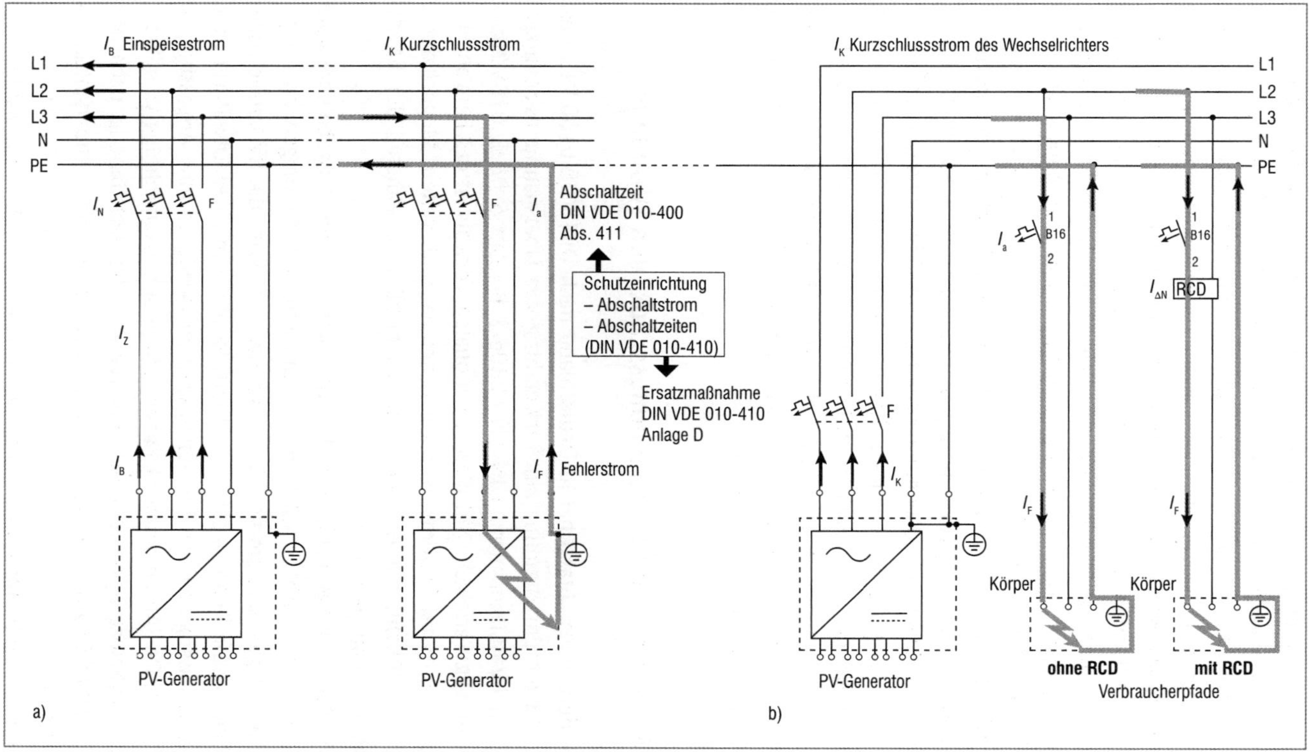

Bild 5.24 Übersicht Schutz gegen elektrischen Schlag und Überstrom im Netzparallel- und Inselbetrieb im TN-System und Ersatz-TN-System

Wechselrichter ohne Sternpunktnachbildung bilden im Inselbetrieb ein IT-System. Die Körper der Verbraucherpfade sind innerhalb einer Kundenanlage einzeln oder gruppenweise an einem gemeinsamen Schutzleitersystem angeschlossen. Im Gegensatz zum typischen IT-System hat das Ersatz-IT-System nicht zwingend den Zweck dem Erhalt der Stromversorgung nach dem ersten Fehler, so dass die vorzusehende Isolationsüberwachungseinrichtung bereits beim ersten Fehler eine Abschaltung bewirken muss. Sofern der Hersteller keine zusätzlichen Anforderungen festlegt, wird nach VDE-AR-E 2510-2 Abs. 6.410.1 ein Ansprechwert von 100 Ω/V für die Hauptmeldung und 300 Ω/V für die Vorwarnung empfohlen. Die Isolationsüberwachungseinrichtung muss den Anforderungen nach DIN EN 61557-8 (DIN VDE 0413-8) entsprechen und symmetrische Isolationsfehler erkennen. Sie kann entweder im inselnetzbildenden System integriert oder außerhalb durch ein separates Gerät installiert sein. Die Auswahl und Anordnung sowie die Einstellwerte sind zu prüfen. Liegt ein Ersatz-IT-System vor, ist zudem im Rahmen der Prüfung festzustellen, dass die Betriebsmittel in den Verbraucherpfaden hierfür geeignet sind.

5.14 Blitz- und Überspannungsschutz von PV-Anlagen

Nach derzeitigem Stand hat in Deutschland nach DIN VDE 0100-712 Abs. 712.443 die Entscheidung zur Verwendung von Überspannungs-Schutzgeräten in PV-Anlagen nach DIN EN 62305-3 Beiblatt 5 (VDE 0185-305-3 Beiblatt 5) zu erfolgen. Mit diesem nationalen Verweis ist das Beiblatt, das für sich einen rein informativen Charakter hat und weitere Möglichkeiten nicht ausschließt, die Anforderungen zu erfüllen, Bestandteil der Errichtungsbestimmungen.

Mit Anwendungsbeginn der VDE-AR-N 4100 mit der Ausgabe vom April 2019 sind nach Abs. 11.2 Überspannungsschutzeinrichtungen im Hauptstromversorgungssystem vom Typ 1 vorzusehen. Wird die PV-Anlage nachträglich in eine Kundenanlage integriert, ist hier von einer Erweiterung die Rede, so dass bei älteren Kundenanlagen diesbezüglich eine Anpassung zu prüfen ist. Der Anschluss der Überspannungs-Schutzeinrichtung vom Typ 1 im Hauptversorgungssystem und vom Typ 2 in der Verteilung ist nach DIN VDE 0100-534 Abs. 534.4.10 an folgenden Stellen der Kundenanlage zu koordinieren:

- Einbauort I: Hauptstromversorgungskreis zwischen HAK und Zähler

- Einbauort II: Verteilerstromkreis zwischen Zähler und Wechselrichter
- Einbauort III: Gleichspannungsseite zwischen Wechselrichter und PV-Generator

Hierzu ist im Rahmen der Prüfung zwischen folgenden Anwendungsfällen zu unterscheiden:

A. Es ist keine Blitzschutzanlage auf dem Dach installiert.
B. Es ist eine Blitzschutzanlage auf dem Dach installiert und die Trennungsabstände sind eingehalten.
C. Es ist eine Blitzschutzanlage auf dem Dach installiert und die Trennungsabstände sind nicht eingehalten (**Tabelle 5.7**).

Situation Trennungsabstände und äußerer Blitzschutz		Anschluss PA an Montagekonstruktion	SPD Einbauort I	SPD Einbauort II	SPD Einbauort III
A	kein äußerer Blitzschutz	6 mm²	Typ 2[1] Typ 1[2]	Typ 2	Typ 2
B	äußerer Blitzschutz mit Einhaltung der Trennungsabstände	6 mm²	Typ 1	Typ 2	Typ 2
C	äußerer Blitzschutz ohne Einhaltung der Trennungsabstände	16 mm²	Typ 1	Typ 1	Typ 1

1 Anforderung aus DIN EN 62305-3 Beiblatt 5 (VDE 0185-305-3 Beiblatt 5)
2 Anforderung aus VDE-AR-N 4100

Tabelle 5.7 Auswahl der Überspannungs-Schutzgeräte nach DIN EN 62305-3 Beiblatt 5

Ist keine Blitzschutzanlage auf dem Dach vorhanden, sind direkte Blitzeinschläge in die Montagekonstruktion bzw. die DC-Leitungen unwahrscheinlich. Eine Überspannung kann demzufolge nur vom öffentlichen Stromversorgungssystem in die Anlage eingekoppelt werden. In der Hauptverteilung wäre nach DIN EN 62305-3 Beiblatt 5 (VDE 0185-305-3 Beiblatt 5) ein Überspannungsableiter vom Typ 2 erforderlich. Allerdings ist nach VDE-AR-N 4100 ein Überspanungsschutzgerät vom Typ 1 gefordert, so dass dieses grundsätzlich bei Änderung in der Hauptverteilung einzubauen ist. An den Einbauorten B und C sind Überspannungsableiter vom Typ 2 erforderlich.

Sind die Trennungsabstände zur äußeren Blitzschutzanlage eingehalten, ist mit einem Überschlag auf die Montagekonstruktion der DC-Seite bei der zutreffenden Blitzschutzklasse nicht zu rechnen. Durch die neuen Anforderungen aus der VDE-AE-N 4100 unterschieden sich die Anwendungsfälle A und B nicht. Die Montagekonstruktion ist mit einem Leiterquerschnitt von 6 mm² Kupfer in den Potentialausgleich einzubeziehen.

Können die erforderlichen Trennungsabstände zwischen Montagekonstruktion und äußerer Blitzschutzanlage nicht eingehalten werden, ist die Montagekonstruktion in den äußeren Blitzschutz einzubeziehen. Darüber hinaus sind an allen der drei Einbauorte Überspannungsableiter vom Typ 1 vorzusehen. Der Anschluss zum Potentialausgleich ist blitzstromtragfähig mit einem Leiterquerschnitt von 16 mm² Kupfer auszuführen. Ebenso müssen Teile der Montagekonstruktion und deren Befestigungs- und Verbindungsteile blitzstromtragfähig ausgeführt werden (**Bild 5.26**). Die Verbindungsbauteile müssen gemäß DIN EN 62561-1 (VDE 0185-561-1) klassifiziert sein.

Bild 5.26 Verbindungsmaterial zwischen zwei PV-Teilgeneratorfeldern mit Einbindung der Montagekonstruktion in den äußeren Blitzschutz

Die Klassifizierung muss entweder auf den Bauteilen angegeben sein oder ist anhand einer Herstellererklärung zu belegen. Die Bauteilklassifizierung unterteilt sich in die Klassifizierung H und N (**Tabelle 5.8**):

- Bauteile der Klasse H sind geprüfte Bauteile für LPS der Blitzschutzklassen I und II.
- Bauteile der Klasse N sind geprüfte Bauteile für LPS der Blitzschutzklassen III und IV.

Blitzschutzklasse	LPS-Gefährdungspegel (Stromscheitelwerte der Blitzeinschläge 0 kA bis 200 kA)	geschützter Bereich	Klassifizierung der Verbindungsbauteile DIN EN 62561-1 (VDE 0185-561-1)	Abstände der Ableitungen in m	Maschen	Radius der Blitzkugel in m
I	2 kA bis 200 kA	höchstes Schutzziel: – Ex-Bereiche – Rechenzentren	H	10	5 m x 5 m	20
II	5 kA bis 150 kA	mittleres Schutzziel: – Leitstellen (Polizei und Rettungsdienste) – Fermeldetürme			10 m x 10 m	30
III	10 kA bis 100 kA	normales Schutzziel: – Versammlungsstätten – Sonderbauten	N	15	15 m x 15 m	45
IV	16 kA bis 100 kA	wird nicht angewendet!		20	20 m x 20 m	60

Tabelle 5.8 Bauteilklassifizierung gegenübergestellt mit den Blitzschutzklassen und deren Anwendung

6 Prüfung des Netzanschlusses nach VDE-AR-N 4100

Die Grundlagen zur Anwendung der *Niederspannungsanschlussverordnung (NAV)* und der VDE-AR-N 4100 wurden bereits in Band 1, Abschnitt 16.4 *Anwendung der TAB*, erläutert. Ebenso wurde in Band 1, Kapitel 17 *Bestandsschutz und Anpassung*, auf den Bestandsschutz und die Notwenigkeit einer Anpassung der Kundenanlage eingegangen, so dass sich dieser Abschnitt rein auf die Anwendung der VDE-Ar-N 4100 im Rahmen von Erstprüfungen bezieht.

6.1 Prüfung der formalen Voraussetzungen

Die Anmeldung elektrischer Anlagen und Geräte ist unter Berücksichtigung der Nutzer- und Eigentümerverhältnisse durchzuführen. Handelt es sich beim Anschlussnehmer und Grundstücksbesitzer um unterschiedliche juristische Personen, ist nach §2 (3) NAV die schriftliche Zustimmung des Eigentümers erforderlich. Die Herstellung des Netzanschlusses erfolgt nach §6 (1) NAV durch den Netzbetreiber. Der Anschlussnehmer hat den Auftrag dem Netzbetreiber schriftlich zu erteilen. Hierbei sind die Vordrucke des zuständigen Netzbetreibers zu verwenden.

Der Netzbetreiber hat den Netzanschluss leistungsgerecht auszulegen. Bei der Auslegung und Bereitstellung der Anschlussleistung hat der Netzbetreiber neben der gleichzeitig benötigten Leistung die Art der Nutzung und die möglichen Netzrückwirkungen zu beurteilen. Erweiterung, Neuerrichtung und Änderungen elektrischer Anlagen um Erzeugungsanlagen, Speicher und Ladeeinrichtungen für Elektrofahrzeuge sind gesondert zu betrachten.

Eine *Anmeldepflicht* besteht nach VDE-AR-N 4100 bei Ladeeinrichtungen für Elektrofahrzeuge und stationären Speichern mit einer Nennleitung ≥ 3,6 kVA. Allerdings besteht nach Niederspannungsanschlussverordnung die 3,6-kVA-Grenze nicht für Elektrofahrzeug-Ladepunkte. Entsprechend sind grundsätzlich alle Ladepunkte beim zuständigen Netzbetreiber anzumelden.

Im Hinblick auf mögliche Netzrückwirkungen, die gleichzeitig benötigte Leistung sowie die Art der Anschlussnutzeranlage bedürfen u.a. die Änderungen in **Tabelle 6.1** und Erweiterungen der vorherigen Beurteilung und Zustimmung des Netzbetreibers.

Anlage **Z** – Zustimmungsplicht **A** – Anmeldepflicht			**VDE AR-N 4100**	**Symmetrieanforderungen**	**Ausführung des Hauptstromversorgungssystems**	**Bemerkung**
neue Anschlussnutzeranlagen		Z		X	X	Beachtung der zutreffenden Anforderungen aus: – VDE-AR-N 4100 – VDE-AR-N 4105 – VDE-AR-N 4110 (EZA >135kW)
Erweiterungen über der vereinbarten gleichzeitig benötigten Leistung		Z		X	X	
Trennung oder Zusammenlegung von Anschlussnutzeranlagen		Z		X	X	
vorrübergehend angeschlossene Anlagen		Z	13, Anhang I, Anhang J	X	X	Ab einer Aufstelldauer 13 Monaten gelten vorrübergehend angeschlossene Anlagen als Anschlussschränke im Freien.
Anschlussschränke im Freien		Z	12	X	X	Reduktionsfaktor für Strombelastbarkeit von 0,94 der nach VDE AR-N 4100 7.3.2 vorgegebenen Bestückungsvarianten.
Ladeeinrichtungen für Elektrofahrzeuge	ab 0 kVA	A*	§ 19 (2) NAV	X	X	Anpassungspflicht der Kundenanlage aufgrund der Erweiterung bzw. Änderung eines bestehenden Stromkreises von haushaltsüblichem Verbrauchsverhalten zur Anwendung mit Dauerstrom. * Gemäß §19 (2) NAV besteht eine grundsätzliche Anmeldepflicht (Die Untergrenze von 3,6 kVA gibt es nicht).
	≥ 3,6 kVA	A	10.6	X	X	
	≥Σ12 kVA	Z		X	X	
stationäre Speicher	≥ 3,6 kVA	A	10.5	X	X	Anpassungspflicht der von der Erweiterung betroffenen Anlagenteile. Die Wirksamkeit der Schutzmaßnahmen der Kundenanlage (Verbraucheranlage) ist im Inselnetz zu überprüfen.
	≥Σ12 kVA	Z	14	X	X	
Erzeugungsanlagen		Z	14	X	X	– VDE-AR-N 4105 – VDE-AR-N 4110 (>135 kW) – DIN VDE 0100-551 – DIN VDE 0100-712 (PV-Anlagen) – DIN VDE 0100-722 (rückspeisefähige LP) – VDE-AR-N 2510-2 (stationäre Speicher)

Tabelle 6.1 Übersicht zur Anmelde- und Netzbetreiber-Zustimmungspflicht (Teil 1/2)

Anlage Z – Zustimmungsplicht A – Anmeldepflicht		VDE AR-N 4100	Symmetrieanforderungen	Ausführung des Hauptstromversorgungssystems	Bemerkung
Notstromaggregate	Z	10.4	X		
stationäre Wärmepumpen	Z		X		
ortsfeste Einzelgeräte ≥12 kVA	Z		X		
elektrische Verbrauchsmittel bei Überschreitung der zulässigen Netzrückwirkungen	Z	5.4, B.1, Anhang C	X		Beurteilung der Netzrückwirkungen ab einem Eingangsstrom von 75 A erforderlich.

Tabelle 6.1 Übersicht zur Anmelde- und Netzbetreiber-Zustimmungspflicht (Teil 2/2)

6.2 Ausführung des Hauptstromversorgungssystems

Das Hauptstromversorgungssystem ist Teil der Kundenanlage. Es umfasst die Hauptleitungen und Betriebsmittel hinter der Übergabestelle (Hausanschlusskasten) des Netzbetreibers und endet an den Eingangsklemme des Zählers.

Hier hat der Prüfer zuvor den Prüfumfang festzulegen. Handelt es sich um eine Prüfung der gesamten Kundenanlage, gehören diese Teile selbstverständig zum Prüfungsumfang dazu. Dies ist zum Beispiel der Fall, wenn

- neue Kundenanlagen errichtet wurden,
- bestehende Kundenanlagen geändert/erweitert wurden oder
- wenn eine Nutzungsänderung vorliegt.

Die Ausführung des Hauptstromversorgungssystems ist durch Besichtigen zu prüfen. Die Besichtigung bezieht sich vor allem auf die Auswahl der Betriebsmittel und Schutzeinrichtungen sowie die Querschnitte der Kabel und Leitungen. Es sind folgende Anforderungen im Hauptstromversorgungssystem zu prüfen.

6.2.1 Hauptstromversorgungskabel

Der Netzbetreiber gibt die Größe der Hausanschlusssicherung vor. Das Hauptstromversorgungskabel muss für den Betriebsstrom der Hauptsicherung bemessen sein. Ist zum Zeitpunkt der Prüfung der Hausanschlusskasten verplombt oder anderweitig nicht zugänglich, ist dies im Prüfbericht zu vermerken. Die Betrachtung des Schutzes bei Überstrom sowie die Bewertung der Selektivität kann demnach erst ab dem SH-Schalter erfolgen.

Die Hauptleitung zwischen Hausanschlusskasten und Zählerverteilung muss durch leicht zugängliche Räume führen. In Mehrfamilienhäusern ist dies typischerweise ein Bereich im Gemeinschaftskeller. Das Hauptstromversorgungsnetz ist grundsätzlich als Strahlennetz auszuführen. Abweichungen hiervon sind mit dem Netzbetreiber abzustimmen. Die Zustimmung ist rechtssicher zu dokumentieren und den Errichtungsunterlagen beizufügen.

Die Hauptleitung muss in einem TN-System den Schutzleiter bzw. den PEN-Leiter in gemeinsamer Umhüllung mitführen. Die Verlegung von Einzeladern zwischen Hausanschlusskasten und Zählerverteiler durch Einzelleiterkabel ist demnach unzulässig.

Im Hauptstromversorgungssystem muss die Auftrennung des PEN-Leiters in Neutralleiter und Schutzleiter zu einem TN-C-S-System an der erstmöglichen Stelle im Gebäude erfolgen. Idealerweise erfolgt die Auftrennung im Hausanschlusskasten (siehe auch Band 1, Kapitel 24 *Stromversorgungssysteme nach Art der Erdverbindung*).

Der PEN-Leiter ist an der Stelle seiner Auftrennung mit der Haupterdungsschiene zu verbinden. Erfolgt die Auftrennung des PEN-Leiters in N- und PE-Leiter im Hausanschlusskasten, ist der PEN-Leiter direkt mit der Haupterdungsschiene verbunden. Bzgl. der Dimensionierung sind zudem die Anforderungen nach DIN VDE 0100-540 zu beachten.

6.2.2 Hauptstromversorgungskabel in Wohngebäuden

In Wohngebäuden sind für Hauptstromversorgungssysteme auch die Anforderungen nach DIN 18015-1 Abs. 5 zu beachten. Nach DIN 18015-1 Abs. 5.2 ist der Leiterquerschnitt und die Anzahl der Hauptleitungen entsprechend der Anzahl der anzuschließenden Kundenanlagen und deren Betriebsart festzulegen. Die Betriebsart richtet sich nach der Art der Verbraucher und Erzeugungsanlagen sowie dem Gleichzeitigkeitsfaktor. Diese sind bei der Auslegung des Übergabestelle (i. d. R. der Hausanschlusskasten) zu berücksichtigen. Es wird unterschieden zwischen

- haushaltsüblicher Bezug,
- Erzeugung und
- Dauerbetrieb.

Hauptleitungen sind in Wohngebäuden nach DIN 18015-1 Abs. 5.2.1 grundsätzlich mit drei Außenleitern in einem TN-S-System auszuführen. Hierfür sind die Leiterquerschnitte bei haushaltsüblichem Bezug auf der Grundlage des Diagramms nach DIN 18015-1 Anhang A (**Bild 6.1**) zu dimensionieren. Die Hauptleitung ist jedoch mindestens für eine Strombelastbarkeit von 63 A zu bemessen. Hierbei ist zu prüfen, ob die Kabel und Leitungen entsprechend der zulässigen Strombelastbarkeit nach DIN VDE 0298-4 bemessen sind.

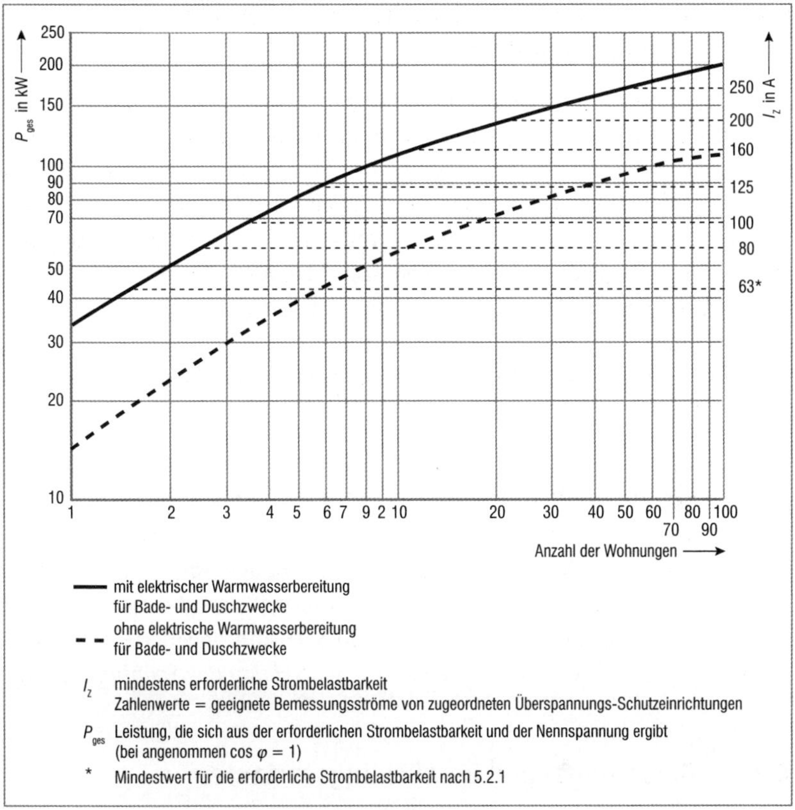

Bild 6.1 Bemessungsgrundlage für Hauptleitungen in Wohngebäuden ohne Elektroheizung, Nennspannung 230/400 V

6.2.3 Messeinrichtungen

Messeinrichtungen liegen im Verantwortungsbereich des Messstellenbetreibers. Der Zähler an sich ist demnach nicht Bestandteil der Prüfung. Die VDE-AR-N 4100 fordert, dass an den Messeinrichtungen ein Rechtsdrehfeld anliegt. Erfolgt die Prüfung nach der Zählersetzung, sollte das Rechtsdrehfeld am nächstmöglichen Leiterabschnitt gemessen werden.

6.2.4 Auswahl der Schutzeinrichtungen im Hauptstromversorgungssystem

Durch Besichtigen der Schutzeinrichtungen ist festzustellen, dass die Einrichtungen zum Kurzschlussschutz über ein ausreichend hohes Bemessungsausschaltvermögen verfügen. Plombierte Überstrom-Schutzeinrichtungen dürfen nicht für den Überstromschutz für abgehende Endstromkreise verwendet werden. Sofern hier der Netzbetreiber keine abweichenden Angaben macht, gelten folgende Anforderungen nach VDE-AR-N 4100 Abs. 6.2.4:

- 25 kA: Einbau im Hauptstromversorgungssystem vor der Messeinrichtung,
- 10 kA: Einbau im anlagenseitigen Anschlussraum des Zählerplatzes,
- 6 kA: Einbau im Stromkreisverteiler.

6.2.5 Spannungsfall im Hauptstromversorgungssystem

Der Spannungsfall im Hauptstromversorgungssystem darf höchstens 0,5 % betragen. In Wohngebäuden liegt hier ein Bemessungsstrom 63 A zugrunde. Hinter der Übergabestelle (Anschlussnutzeranlage) darf der Spannungsfall die nach DIN 18015-1 und DIN VDE 0100-520 vorgegeben Werte von 3 % nicht übersteigen (siehe Band 2, Kapitel 7 *Beurteilung des Spannungsfalls*).

6.3 Belastungs- und Bestückungsvarianten

In jeder Anschlussnutzeranlage ist im Anschlussraum des Zählerplatzes eine Trennvorrichtung in Form einer selektiven Überstrom-Schutzeinrichtung (SH-Schalter nach DIN VDE 0641-21) vor der Messeinrichtung zu installieren. Diese sind von Laien bedienbar sowie sperr- und plombierbar auszuführen und dürfen demnach nicht als Schutzeinrichtungen für Endstromkreise verwendet werden.

Die Auswahl der SH-Schalter ist hinsichtlich der Belastungs- und Bestückungsvarianten mit den Anforderungen nach VDE-AR-N 4100 Abs. 7.3 zu überprüfen.

Tabelle 6.2 kann auch für Zähleranschlussschränke im Freien verwendet werden. Hierfür ist die Strombelastbarkeit um den Reduktionsfaktor 0,94 verringert. Bei nicht jederzeit zugänglichen Anlagen (Ferienhäuser, Pumpenstationen von Versorgungsunternehmen etc.) sind die Zählerplätze in Anschlussschränken im Freien unterzubringen.

	10 mm² nach DIN VDE 0603-1		16 mm² nach DIN VDE 0603-2-1
Betriebsstrom in A	≤ 63	≤ 32	≤ 44
Anwendung	Bezugsanlagen für haushaltsübliche Anwendung	– EZA – Speicher – Ladeeinrichtungen für EV	– EZA – Bezugsanlage – Ladeeinrichtungen für EV mit nicht haushaltsüblichen Lastverhalten
Überlast- und Kurzschlussschutz	Gleichzeitigkeitsfaktor nach DIN 18015-1 A.1 Kurve 1 beachten	Trenneinrichtung der Anschlussnutzeranlage	
		SH-Schalter E 35 A	SH-Schalter E 50 A

Tabelle 6.2 Belastungs- und Bestückungsvarianten für Zählerschränke nach VDE-AR-N 4100

Bei abweichenden Betriebs- oder Nutzungsbedingungen ist hinsichtlich der Erwärmung der Verteilerschränke ein gleichwertiges Sicherheitsniveau herzustellen. Dieses kann durch einen Erwärmungsnachweis nach z. B. DIN EN 61439-3 (DIN VDE 0660-600-3) „Installationsverteiler für die Bedienung von Laien“ erbracht werden. Hierfür hat der Errichter das Stückprüfungsprotokoll nach DIN EN 61439-1/-3 (DIN VDE 0660-600-1/-3) anzufertigen, eine Konformitätserklärung nach Niederspannungsrichtlinie 2014/35/EU zu erstellen und die Herstellerkennzeichnung am Verteiler anzubringen.

Im Rahmen der Erstprüfung ist der Nachweis anhand einer Konformitätserklärung und durch Kennzeichnung des Verteilers nach Niederspannungsrichtlinie 2014/35/EU zu erbringen. Hierzu muss das Stückprüfungsprotokoll nach DIN VDE 0100-660-1/-3 vorliegen.

6.4 Überspannungsschutz

Durch Besichtigen ist festzustellen, dass im Hauptstromversorgungssystem Überspannungsschutzeinrichtungen vom Typ 1 eingebaut sind.

Nach VDE-AR-N 4100 Absatz 11.2 sind die Überspannungsschutzgeräte im Hauptstromversorgungssystem in 4+0-Schaltung anzuschließen.

In TN-S oder TN-C-S-Systemen kann zwischen Neutralleiter und Schutzleiter (3+1-Schaltung) das Überspannungs-Schutzgerät entfallen, wenn der Abschnitt zwischen Auftrennen des PEN-Leiters in PE-/N-Leiter und der Einbauort der SPD weniger als 0,5 m beträgt.

Die Anforderungen sind bei Erstprüfungen vom SV zu überprüfen und in Übereinstimmung mit dem Blitz- und Überspannungsschutz der Anschlussnutzeranlage und des äußeren Blitzschutzes zu bewerten.

Zum Schutz bei indirektem Blitzschlag und Schaltüberspannungen sind nach DIN VDE 0100-534 Abs. 534.4.1 Überspannungs-Schutzeinrichtungen vom Typ 2 empfohlen. Zudem sind weitere zutreffende Anforderungen zu beachten:

- Ist in der Kundenanlage eine Photovoltaikanlage installiert, gelten nach DIN VDE 0100-712 die Anforderungen nach DIN VDE 0185-305-3 Bbl. 5.
- Bei öffentlich zugänglichen Ladestationen für EV sind die Anforderungen nach DIN VDE 0100-722 722.44 zu beachten.
- Bei öffentlich zugänglichen Ladestationen im Freien ist zu klären, ob sich die Ladestation im Schutzwinkel einer Blitzschutzanlage befindet. Liegt die Ladestation im Schutzwinkel, wird ein SPD vom Typ 2 empfohlen.

Der Schutz bei Überspannungen ist vorzusehen, wenn Auswirkungen zu erwarten sind auf

- Menschenleben, z. B. bei Anlagen für Sicherheitszwecke und in medizinisch genutzten Bereichen,
- öffentliche Einrichtungen, z. B. Ausfall öffentlicher Dienste, Telekommunikationszenten und nicht wieder bringbare Kulturgüter, z. B. in Museen,
- Gewerbe- oder Industrieaktivitäten, z. B. Hotels, Banken, Industriebetriebe etc.,
- Ansammlungen von Personen, z. B. Schulen, Büros, große Gebäude.

Zudem ist er für alle Fälle verpflichtend, für die Verordnungen oder andere gesetzliche oder privatrechtliche Regelungen dies festlegen.

Im Falle defekter Überspannungs-Schutzeinrichtungen (SPD) muss in jedem Fall die elektrische Anlage wirksam bleiben. Nach DIN VDE 0100-534 Abs. 534.4.6 ist bei Anwendung der Schutzmaßnahme „Automatische Abschaltung der Stromversorgung nach DIN VDE 0100-410 Abs. 411“ in TN-Systemen generell durch eine vorgeschaltete Überstrom-Schutzeinrichtungen erfüllt. In IT-Systemen sind keine zusätzlichen Maßnahmen für den Fehlerschutz erforderlich.

6.5 Anforderungen an den Anschlussraum

Die Nutzung des Anschlussraums als Stromkreisverteiler ist unzulässig. Es sind jedoch bis zu drei Stromkreise mit einer Absicherung von maximal 16 A je Anschlussnutzanlage sowie SPDs vom Typ 1 und 2 zulässig. Diese dürfen ausschließlich für Schutzeinrichtungen von Stromkreisen vorgesehen werden, die im Keller des Anschlussnutzers vorgesehen sind, wie etwa Kellerbeleuchtung, Trockner, Waschmaschine. Aufgrund von Stromwärmeverlusten (max. 10 W nach der zurückgezogenen VDE-AR-N 4101) der Schutzeinrichtungen und Betriebsmittel sind diese auf eine höchstzulässige Belegung von sechs Teilungseinheiten und einphasigen Stromkreisen bis zu 16 A begrenzt.

In der VDE-AR-N 4100:2019-04 wurden im Zuge der neuen Anwendungen durch Ladeeinrichtungen für EV sowie die Installation von EZA die Anforderungen angepasst. Es sind demnach im Anschlussraum folgende Anschlussvarianten zulässig:

- einphasige Erzeugung und Ladeeinrichtungen für EV bis 16 A (3,7 kW);
- bei einfach belegten Zählerfelder, die zur Messung von steuerbaren Verbrauchseinrichtungen (z. B. Wärmepumpen) oder EZA dienen, dürfen anlagenseitig für bis zu 3 · 16 A (11 kW) dreiphasig bestückt werden.

Die Verwendung der Endstromkreise, die Art und Ausführung der Schutzeinrichtungen und die angeschlossenen Betriebsmittel, z. B. die Wallbox, sind auf Eignung zu überprüfen. Das Ergebnis der Erstprüfung nach DIN VDE 0100-600 ist durch den Errichter zu dokumentieren.

Bei wiederkehrenden Prüfungen ist die Ausführung hinsichtlich Änderungen und Erweiterungen zu beachten. Die Messungen sind gemäß DIN VDE 0100-600 bei Erstprüfungen und nach DIN VDE 0105-100 bei wiederkehrenden Prüfungen durchzuführen.

6.6 Fundamenterder

Grundsätzlich ist in *neu errichteten Gebäuden* ein Fundamenterder nach DIN 18014 zu errichten. Dieser dient dem Blitzschutz, der Schutzerdung von Antennenanlagen, der Schutz- und Funktionserdung von Erzeugungsanlagen und Speichern sowie zur Funktionserdung von Breitbandkabelnetzen und Telekommunikationsnetzen. Des Weiteren erhöht der Fundamenterder die Wirksamkeit des Hauptpotentialausgleichs gemäß DIN VDE 0100-410 und dient der Schutzerdung im TT-System, der Potentialausgleichssteuerung in Gebäuden, der elektromagnetischen Verträglichkeit und der Einhaltung der Spannungswaage.

Bei der Planung und Errichtung sind Rückwirkungen durch andere Erdungsanlagen zu berücksichtigen. Zum Beispiel sind innerhalb des Beeinflussungsbereich von zehn Metern Entfernung zur Bahn-Erde – senkrecht zur Gleisachse gemessen – einzuhalten.

Es sind Rückwirkungen durch Betriebs-, Ableit- oder Streuströme von Bahnanlagen auf das Niederspannungsnetz zu beachten. Die Verwendung des PEN-Leiters bzw. des Neutralleiters des Niederspannungsnetzes zu Schutz- und Funktionszwecken ist unzulässig.

Der *Nachweis über die korrekte Errichtung und der Wirksamkeit* ist bereits im informativen Anhang der derzeit aktuellen Ausgabe der DIN VDE 0100-600 „Erstprüfung elektrischer Anlagen" enthalten. In der aktuellen Ausgabe der DIN VDE 0100-410 wurden die Anforderungen, einen Fundamenterder nach DIN 18014 zu errichten, verbindlich als Teil der Schutzmaßnahmen in TN-Systemen aufgenommen.

Bei neu errichteten Gebäuden ist nach DIN 18014 Abs. 7 der Nachweis über die regelkonforme Errichtung der Erdungsanlage entsprechend den derzeit anerkannten Regeln der Technik zu erbringen. Die Inhalte sind auf Plausibilität und Vollständigkeit zu prüfen.

6.7 Netzrückwirkungen

Elektrische Betriebsmittel einer Kundenanlage sind nach VDE-AR-N 4100 Abs. 5.4 so zu planen, zu bauen und zu betreiben, dass Rückwirkungen auf das Niederspannungsnetz oder andere Kundenanlagen durch schnelle Spannungsänderungen, Flicker und Oberschwingungen auf ein zulässiges Maß begrenzt werden.

Die Inbetriebsetzung der elektrischen Anlage ist nach den Maßgaben des Netzbetreibers gemäß § 14 (1), (2) NAV durchzuführen. Dies hat u.a. zum Ziel, unzulässige Rückwirkungen auszuschließen. Die Unterlagen sind nach § 13 (2) NAV auf Verlangen des Netzbetreibers zur Verfügung zu stellen.

Zur Gewährleistung ist die elektrische Anlage bei Neuerrichtung, Änderung und Erweiterung gemäß den Rechtsvorschriften und behördlichen Bestimmungen sowie den anerkannten Regeln der Technik nach § 49 Abs. 2 Nr. 1 EnWG durch den Netzbetreiber oder durch ein in ein Installateurverzeichnis eingetragenes Installationsunternehmen zu prüfen.

Erfüllen die Betriebsmittel nachweislich einzuhaltende Grenzwerte nicht oder übersteigt die gleichzeitig benötigte Leistung 12 kVA, ist eine Beurteilung durch den Netzbetreiber oder einen in ein Installateurverzeichnis eingetragenes Installationsunternehmen nach VDE-AR-N 4100 Abs. 5.4 durchzuführen:

- Es sind bei der Bewertung einzelner Geräte (Verbrauchsmittel, EZA, Speicher) mit einem Eingangsstrom bis 75 A die Übereinstimmungen der nach VDE AR-N 4100 Abs. 5.4.2.1 gelisteten Herstellernormen zu überprüfen (vgl. **Tabelle 6.3**).
- Die Bewertung einzelner Geräte (Verbrauchsmittel, EZA, Speicher) mit einem Eingangsstrom über 75 A sind gemäß der Verfahren nach VDE AR-N 4100 Abs. 5.4.2 und Tabelle 2 durchzuführen.
- Für jede Erzeugungseinheit und jeden Speicher bis 75 A ist die Netzverträglichkeit anhand des Deckblatts des Einheitenzertifikats entsprechend dem Vordruck nach VDE AR-N 4105 Anhang E.4 nachzuweisen.
- Bei Erzeugungseinheiten mit einem Eingangsstrom > 75 A ist der Nachweis anhand des Auszugs aus dem Prüfbericht „Netzrückwirkungen" entsprechend dem Vordruck nach VDE AR-N 4105 Anhang E.5 durchzuführen.

Im Rahmen von Erstprüfungen sind die Unterlagen zu sichten und Vollständigkeit zu prüfen. Hierbei sind die Konformitätserklärungen auf Übereinstimmung mit der EMV-Richtlinie 2014/30/EU) zu überprüfen.

Handelt es sich um eine einfache Konformitätserklärung, sind nicht zwingend die harmonisierten Normen gelistet, nach denen die Betriebsmittel konstruiert sind. Im Zweifelsfall sind genauere Recherchen erforderlich.

Erforderliche Dokumente gemäß VDE-AR-N 4100 und VDE-AR-N 4105 müssen, sofern zutreffend, vorhanden und ausgefüllt sein.

- Es ist der maximale (Summen-) Eingangsstrom im Rahmen der Prüfung festzustellen. Der (Summen-)Eingangsstrom kann messtechnisch bei voller Last oder anhand der Datenblätter der einzelnen Betriebsmittel ermittelt werden.
- Liegt dieser unter 75 A, ist festzustellen, dass die Betriebsmittel mit den zutreffenden Normen nach VDE AR-N 4100 Abs. 5.4.2.1 übereinstimmen. Die Informationen sind auf den Montage- und Bedienungsanleitun-

Einhaltung der Herstellernormen	
Geräte bis 75 A	**EZA und Speicher**
– DIN EN 61000-3-2 (VDE 0838-2)	– DIN EN 61000-3-16 (Oberschwingungen)
– DIN EN 61000-3-3 (VDE 0838-3)	– DIN EN 61000-3-17 (Flicker)
– DIN EN 61000-3-11 (VDE 0838-11)	– DIN EN 61000-3-2 (VDE 0838-2)
– DIN EN 61000-3-12 (VDE 0838-12)	– DIN EN 61000-3-3 (VDE 0838-3)
– DIN EN 61000-4-7 (VDE 0847-4-7)	– DIN EN 61000-3-11 (VDE 0838-11)
– DIN EN 61000-4-15 (VDE 0847-4-15)	– DIN EN 61000-3-12 (VDE 0838-12)

Tabelle 6.3 Betriebsmittelnormen, die die Anforderungen gemäß VDE-AR-N 4100 Abs. 5.4 erfüllen

gen oder aus den Konformitätserklärungen oder den Typenschildern zu entnehmen.

- Bei maximalen Eingangsströmen über 75 A ist die Netzverträglichkeit nach VDE AR-N 4100 Abs. 5.4.2 nachzuweisen.

Bei EZA erfolgt der Nachweis der Netzverträglichkeit nach VDE AR-N 4105 Anhang E.4. Die in der Anschlussnutzeranlage installierten Geräte und Betriebsmittel sind Anhand der Konformitätserklärung auf Übereinstimmung der nach VDE AR-N 4100 Abs. 5.4 gelisteten Herstellernormen zu prüfen.

6.8 Anschluss und symmetrischer Betrieb (Tabelle 6.4) (VDE-AR-N 4100 Abs. 5.5.1, 5.5.2, 10.5.5)

Geräte an Kundenanlagen				Bemessungsleistung in kVA				
Verbrauchsmittel	EZA	Speicher	Ladeeinrichtung für EV		einphasig (L-N)	zweiphasig (L1,2,3-L2,3,1)	dreiphasig (L1-L2-L3)	Anmerkung
X	X	X	X*	> 4,6	X		X	– mit Symmetrieeinrichtung – Symmetrieeinrichtung bei Ladeeinrichtungen immer erforderlich.
X	X	X	X	≤ 4,6	X			Bei Anschlussschränken im Freien nur bei Sonderanwendungen zulässig (öffentliche Beleuchtung, Nahverkehr, Telekom)
	X*	X*	X*	≤ 4,6	X			max. drei Geräte je Außerleiter
X*				≤ 6,5				bei Geräten mit Kurzzeitverhalten (z. B. Durchlauferhitzer)
X*	X*	X*	X*	einphasige Geräte mit Dauerlastverhalten	Vorgabe Netzbetreiber			Außenleiter, Messung und Betriebsspannung nach Festlegung des Netzbetreibers
	X*			k. A.			X	Drehstrom-Umrichteranlagen (VDE AR-N 4105 5.6)

* Symmetrieeinrichtung erforderlich

Tabelle 6.4 Anschluss und symmetrischer Betrieb nach VDE-AR-N 4100 Abs. 5.5

6.8.1 Ladeeinrichtungen für EV

Bei Ladeeinrichtungen mit einer Bemessungsleitung über 4,6 kV ist grundsätzlich an der Übergabestelle eine Symmetrieeinrichtung erforderlich.

Bei Ladeeinrichtungen für Elektrofahrzeuge mit den Ladebetriebsarten 3 und 4 sind die Anforderungen an die Symmetrie beim DC-Laden und AC-

Laden innerhalb der Ladeeinrichtung sicherzustellen. Im AC-Bereich erfolgt dies über die Kommunikation der Ladeeinrichtung mit dem EV über den Pilotkontakt. Der Nachweis erfolgt anhand der Herstellererklärungen.

6.8.2 Speicher

Die *Symmetrieanforderungen* an Speicher sind über eine kommunikative Kopplung zwischen EZA und Speicher sowie einer Begrenzung der EZA und Speicher oder durch eine Symmetrieeinrichtung am Netzanschlusspunkt zu realisieren.

Besonders zu beachten ist das Anschlussschema nach VDE AR-N 4105:

- B.3 Erzeugungsanlage mit Symmetrieeinrichtung der einphasigen Umrichter und integriertem NA-Schutz
- B.9 PV-Anlage $S_{Emax} = 6\,kVA$ mit Speicher $P_{Emax} = 3\,kW$ und Symmetrieeinrichtung

III Checklisten und Hilfsmittel zur Prüfung

7 Checkliste für die Prüfung elektrischer Anlagen

7.1 Prüfung

- **DIN VDE 0100-600**
  Die Prüfung ist bei Errichtung, Erweiterung und Änderung elektrischer Anlagen durchzuführen (**Bild 7.1**).

Prüfprotokoll		Seite 1 von 4
Prüfprotokoll-Nr.:	**Auftrag-Nr.**:	
Aufraggeber	Elektroinstallationsbetrieb (Auftragnehmer)	Anlagenplaner/ Anlagenverantwortlicher
Anlage;		

Prüfung nach: ☑ DIN VDE 0100-600 ☐ DIN VDE 0105-100 ☐ DGUV V3 ☐

Grund der Prüfung: ☑ Erstprüfung ☐ Erweiterung ☐ Änderung ☐

Prüfdatum:

	Zähler-Nr.:	**Zählerstand:**
Netzbetreiber:		
Netzspannung:	Netz: ☐ TN-S ☐ TNC ☐ TN-C-S ☐ TT ☐ IT	

Besichtigung

☐ Auswahl der Betriebsmittel	☐ Kennzeichnung Stromkreis, Betriebsmittel	☐ Schutzpotentialausgleich
☐ Trenn- und Schaltgeräte	☐ Kennzeichnung N- und PE-Leiter	☐ zusätzlicher örtlicher Potentialausgleich
☐ Brandabschottungen	☐ Leiterverbindungen	☐ Dokumentation
☐ Gebäudesystemtechnik	☐ Schutz- und Überwachungseinrichtungen	☐ Busleitung/Aktoren
☐ Kabel, Leitungen, Stromschienen	☐ Schutz gegen direktes Berühren	☐
	☐ Zugänglichkeit	☐

Erprobung

☐ Funktionsprüfung der Anlage	☐ Funktion der Schutz- und Überwachungseinrichtungen	☐ Drehstromsteckdosen, Rechtsdrehfeld
☐ RCD/FI-Schutzschalter	☐ Drehrichtung der Motoren	☐ Überprüfung Spannungsfall nach DIN VDE 0100-600
		☐ Gebäudesystemtechnik

Bild 7.1 Checkliste für die Prüfung elektrischer Anlagen (Beispiel Erstprüfung)

- **DIN VDE 0105-100/A1**
  Die Prüfung ist zum Nachweis des ordnungsgemäßen Zustands in regelmäßigen Zeitabständen und nach Instandsetzung durchzuführen.
  Im Vergleich zu Erweiterung und Änderung handelt es sich bei einer Instandsetzung um das Wiederherstellen des ordnungsgemäßen Zustands gemäß der zum Errichtungszeitpunkt gültigen anerkannten Regeln der Technik.
- **DGUV Vorschrift 3 / DGUV Vorschrift 4**
  Die Prüfung ist unter Berücksichtigung der Gefährdungsbeurteilung des Betreibers vor erstmaliger Verwendung und in regelmäßigen Zeitabständen durchzuführen.

7.2 Netzspannung/Netzform

- Es ist die Netzform für die weitere Prüfung zum Nachweis der Wirksamkeit der Schutzmaßnahme „Schutz durch automatische Abschaltung im Fehlerfall“ gemäß DIN VDE 0100-410 Abs. 411 festzustellen.
- Feststellung der Spannungsebene ist zur Bewertung der Abschaltzeiten gemäß DIN VDE 0100-410 Tabelle 41.1 erforderlich.
- Die Feststellung der Netzform ist für die Auswahl und Anordnung der Einrichtungen zur Automatischen Abschaltung erforderlich.

7.3 Besichtigen

7.3.1 Auswahl der Betriebsmittel

- Bestimmungsgemäße Montage und Anschluss elektrischer Betriebsmittel gemäß den Herstellervorgaben und Berücksichtigung der Montage- und Bedienungsanleitungen.
- Vorhandensein von Typenschildern auf den Betriebsmitteln gemäß den zutreffenden Richtlinien (Niederspannungsrichtlinie 2014/35/EU und EMV-Richtlinie 2014/30/EU)
  - CE-Kennzeichnung,
  - Typenschild,
  - Angaben der Bemessungsdaten inklusive Angabe der IP-Schutzart und der Schutzklasse.

- Weitere Normen und Richtlinien sind z. B. bei Maschinen und explosionsgefährdeten Bereichen zu beachten.
- Vollständigkeit der Konformitätserklärungen der Betriebsmittel gemäß den erforderlichen Angaben, insbesondere nach DIN VDE 0660-600-1.
- Einhaltung der Vorgaben zur Beschaffenheit der elektrischen Betriebsmittel hinsichtlich der äußeren Umgebungsbedingungen
  - Vorhandensein von Abdeckungen,
  - Erhalt der Schutzart bei Einführung der Kabel und Leitungen,
  - ausgerissene und nicht benutzte Leitungseinführungen sind instand zu setzen und entsprechend der Schutzart des Betriebsmittel zu verschließen,
  - Auswahl der Kabeleinführungen hinsichtlich der erforderlichen IP-Schutzart unter Berücksichtigung äußerer Einflüsse.
- Manipulation und offensichtliche Veränderungen der Betriebsmittel bzw. Abweichungen von der bestimmungemäßen Verwendung (z. B. Verwendung von Retrofit-Leuchtmittel).
- Zustand der Betriebsmittel
  - Korrosionsspuren,
  - Erwärmungsspuren (auch Erwärmungsspuren an benachbarten Gegenständen und Gebäudeteilen),
  - Erhöhter Verschleiß (durch Schimmel, Pflanzen, Temperatur, Sonneneinstrahlung etc.),
  - Beschädigungen.

7.3.2 Trenn- und Schaltgeräte

- Auswahl der Geräte zum Schalten und Trennen gemäß DIN VDE 0100-530 Anhang B
- Auswahl der Schalt- und Steuergeräte gemäß den zu erwartenden Betriebsbeanspruchungen, etwa der Gebrauchskategorie, Bemessungsspannung und Betriebsströme
- Abschaltung/Trennung der aktiven Leiter (TN-System: Außenleiter, TT-System: alle aktiven Leiter)
- Sichtbarkeit der Schalterstellungen 1/0
- Anordnung von einpoligen Steuer- und Schaltgeräten in den Außenleitern; die Schaltung des Neutralleiters ist unzulässig

7.3.3 Brandschottungen

- Überprüfung von Eignung, Kennzeichnung und Anordnung der Brandschottungen unter Berücksichtigung der bestimmungemäßen Verwendung entsprechend dem Verwendbarkeitsnachweis (DIBt-Zulassungsnummer).
- Sind Wand- und Deckendurchbrüche nach der DIN 4102-9 sach- und fachgerecht mit geeignetem Brandschutzmaterial verschlossen, gekennzeichnet und liegen die DIBt-Zeugnisse vollständig vor?
- Sind Leitungsanlagen in Funktionserhalt, nach der DIN 4102-12 sach- und fachgerecht ausgeführt, gekennzeichnet und liegen die DIBt-Zeugnisse vollständig vor?

7.3.4 Kabel, Leitungen und Stromschienen

Prüfung der Kabel und Leitungen hinsichtlich der Strombelastbarkeit und der Leitungslänge gemäß DIN VDE 0298-4 unter Berücksichtigung folgender Aspekte:

- Umgebungstemperatur,
- Verlegeart,
- Häufung,
- Oberschwingungen.

7.3.5 Kennzeichnung der Stromkreise und Betriebsmittel

- Zuordnung der im Verteiler eingebauten Betriebsmittel in Übereinstimmung mit den Schaltungsunterlagen
  - Übereinstimmung der in Verteilern eingebauten Betriebsmittel (Schaltgeräte, Schutzgeräte, Steuergeräte innerhalb von Elektroverteilungen),
  - Kennzeichnung der Klemmen,
  - Zuordnung der Neutral- und Schutzleiter zu den Stromkreisen,
  - Zuordnung auch bei Abnehmen von Frontabdeckungen gegeben,
  - Kennzeichnung ausgenommener Stromkreis durch z. B. Warnhinweis und/oder Leiterfarbe (orange).
- Kennzeichnung von Betriebsmitteln
  - Schalter und Steckdosen gemäß der Verteilung und dem Stromkreis,
  - Sicherheitsleuchten gemäß DIN VDE 0108-100,
  - Anordnungsplan der elektrischen Betriebsmittel innerhalb abgeschlossener elektrischer Betriebsstätten.

- Kennzeichnungen, Sicherheits- und Gesundheitskennzeichnungen
  - Kennzeichnung der Betriebsmittel und Verteiler,
  - Sicherheits- und Gesundheitskennzeichnung (Verteiler, Betriebsmittel, Räume und Bereiche),
  - Ausweisung von Bereichen mit besonderen Gefährdungen (feuergefährdete Betriebsstätte, Ex-Bereiche, ...).

7.3.6 Kennzeichnung N- und PE-Leiter

- Schutzleiter: grün/gelb im gesamten Verlauf
- Neutralleiter: blau
- PEN-Leiter: grün/gelb im gesamten Verlauf und blaue Kennzeichnung an den Enden

7.3.7 Leiterverbindungen

Eignung von Klemmen hinsichtlich der Leiterart und des Leiterquerschnitts

- Auswahl und fachgerechte Pressung von Aderendhülsen (feindrähtig, starr)
- Korrekte Einführung von feindrähtigen Leitern in eine Aderendhülse bzw. Klemme (Abspleißen)
- Verwendung von Doppeltaderendhülsen bei zwei Leitern
- Keine doppelte Leitereinführung in Klemmen, die nicht dafür vorgesehen sind
- Maximal zwei Leiter mit gleichem Leiterquerschnitt und gleicher Leiterart in Klemmen, die hierfür nicht geeignet sind
- Eine Klemme kann, sofern der Hersteller keine anderen Angaben macht, höchsten zwei Leiterquerschnitte unterhalb des ausgewiesenen Nennleiterquerschnitts aufnehmen
- Korrosion an Kontakten
- Erwärmungsspuren an Leiterverbindungen und den Klemmen
- Die Schraubklemmen sind nicht mit dem vom Hersteller vorgegebenen Drehmoment angezogen
- Keine Schraubklemmen in Abzweigdosen
- Keine Flickstellen mit Schraub- und Steckklemmen. Hierzu sind geeignete Pressverbinder zu verwenden
- Keine losen nicht gekennzeichneten Klemmen innerhalb von Elektroverteilungen

- Keine Zugbeanspruchung des Leiters und der Klemme durch geeignete Leiterbefestigung

Ausführung der Anschlüsse

- SELV-Stromquellen ohne Verbindung zu Erde
- PELV-Stromkreise mit einseitiger Erdung der Stromquelle
- Belegung der Schalt- und Steuergeräte (an jedem Schaltkontakt ist am Eingang und Ausgang ein Leiter angeschlossen)
- Stiftkammschienen sind fachgerecht in die Klemmstellen eingeführt

7.3.8 Schutz- und Überwachungseinrichtungen

Schutz bei Überstrom

Auswahl und Anordnung Überstrom-Schutzeinrichtungen gemäß DIN VDE 0100-430 in Verbindung mit DIN VDE 0100-530 und der Strombelastbarkeit der Kabel und Leitungen gemäß DIN VDE 0298-4

- Überlastschutz
  - Einhaltung der Nennstromregel und Auslöseregel
  - Beim Einsatz von Schmelzsicherungen ist die Auslöseregel nur eingehalten, sofern der Bemessungsstrom der Schutzeinrichtung das 0,9-fache der Dauerstrombelastbarkeit nicht überschreitet
- Kurzschlussschutz
  - Einhaltung der Ungleichung $I^2 t < (kS)^2$
  - Anordnung der Schutzeinrichtung zum Schutz bei Kurzschluss am Anfang des Stromkreises
  - Leitungsschutzschalter der Energiebegrenzungsklasse 3 erfüllen in der Regel die Anforderungen an den Kurzschlussschutz
- Einstellwerte von Schutzeinrichtungen: Motorschutzschalter sind auf den Nennstrom des Motors einzustellen
- Einstellwerte von Isolationsüberwachungseinrichtungen
- Auswahl von Not-Aus-Einrichtungen hinsichtlich der Auswahl der Schaltgeräte mit Trenneigenschafen (maximal 60% Auslastung von Leistungsschützen bei Not-Halt-Einrichtungen)
- Vermeiden von selbsttätigem Anlauf bei Spannungswiederkehr
- Auswahl und Anordnung der Überspannungs-Schutzgeräte nach DIN VDE 0100-534
- Auswahl und Anordnung der Einrichtung zur automatischen Abschaltung im Fehlerfall durch Überstrom-Schutzeinrichtung oder Fehlerstrom-Schutzeinrichtung: Anordnung an der Einspeisestelle des Stromkreises

7.3.9 Auswahl von Fehlerstrom-Schutzeinrichtungen gemäß Schutzziel

Eine RCD kann als Einrichtung zur Sicherstellung der erforderlichen Abschaltzeiten gemäß DIN VDE 0100-410 dem zusätzlichen Schutz und als Vorkehrung für den Brandschutz dienen.

Auswahl von Fehlerstromschutzeinrichtungen hinsichtlich der Art der Betriebsbeanspruchungen:

- Typ A: bei Gleichfehlerstromanteilen unter 6 mA und bei Betriebsmitteln mit Stecker bis 4 kV.
- Festlegung des Typs durch den Betriebsmittelhersteller in der Montage- und Bedienungsanleitung bei
  - fest angeschlossenen Betriebsmitteln,
  - Betriebsmitteln mit Stecker > 4 kVA.

7.3.10 Auswahl von Fehlerstrom-Schutzeinrichtungen hinsichtlich der Verträglichkeit (Tabelle 7.1)

Fehlerstrom-Schutzeinrichtungen vom Typ B dürfen keine RCDs vom Typ A vor oder nachgeschaltet werden.

	Schutz gegen elektrischen Schlag		**Schutz gegen thermische Auswirkungen**
Schutzziel	Fehlerschutz	zusätzlicher Schutz	Brandschutz
Normenstelle	DIN VDE 0100-400 Abs. 411	DIN VDE 0100-410 Abs. 411.3.3/Abs. 415	DIN VDE 0100-400 Abs. 411
Bemessungs- fehlerstrom $I_{\Delta N}$	**keine allgemeine Vorgabe** typische Werte: 100 mA, 300 mA, 500 mA – 30 mA Steckdosen bis 32 A – 30 mA festangeschlossene Betriebsmittel bis 32 A – 30 mA Beleuchtungsstromkreise in Wohnungen	Vorgabe: **30 mA**	Vorgabe: **– 300 mA (allgemein)** – 30 mA (Impedanz beh. Fehler)
Grundlage	Abschaltzeiten Abs. 411.3.2 – Z_S bei TN-Systemen – R_A bei TT-Systemen	Stromgefährdungskurve VDE V 0140-479-1	Risiko einer Brandentstehung (ab 60 W an Fehlerstelle)
Anordnung im Stromkreis	Einspeisestelle	Einspeisestelle oder am Betriebsmittel	Einspeisestelle
Prüfung (EP) DIN VDE 0100-600 Abs. 6.4.3.7 wiederkehrende Prüfung (WP) DIN VDE 0105-100/A1	– (EP) Messung Z_S bei $I_{\Delta N} \leq 500$ mA nicht erforderlich – (EP), B: Auswahl und Anordnung – (EP, WP), E: Prüftaste – (EP), M: Abschaltzeit bei $I_{\Delta N}$ – (WP), M: Abschaltzeit bei $5 \cdot I_{\Delta N}$ (WKP) – (EP), M: Durchgängigkeit S_L (hinter RCD)		– (EP): Prüfung wie Schutz durch automatsche Abschaltung
EP: Erstprüfung, WP: wiederkehrende Prüfung, B: Besichtigen, E: Erproben, M: Messen			

Tabelle 7.1 Auswahl der Fehlerstrom-Schutzeinrichtungen (RCDs)

7.3.11 Auswahl und Anordnung der Schutzeinrichtungen hinsichtlich Selektivität

- Der Bemessungsstrom der vorgeschalteten Überstrom-Schutzeinrichtung muss zur nachgeschalteten Überstrom-Schutzeinrichtung um den Faktor 1,6 höher sein.
- Der Bemessungsdifferenzstrom des vorgeschalteten RCD zum nachgeschalteten RCD muss mindestens um den Faktor 3 höher sein. Zudem muss der vorgeschaltete RCD selektiv sein ([S]-Kennzeichnung).
- Die Streubänder der Auslösekennlinien der vor- und nachgeschalteten Überstrom-Schutzeinrichtungen dürfen sich nicht überschneiden.

7.3.12 Schutz gegen direktes Berühren

Vollständiger Schutz gegen direktes Berühren bei Verwendung durch Laien gemäß DIN VDE 010410 Anhang A:

- IP2X oder IPXXB,
- P4X oder IPXXD bei horizontalen Oberflächen,
- Abnehmen der Abdeckungen nur mit Werkzeug, Schlüssel oder durch Zerstörung.

Teilweiser Schutz gegen direktes Berühren nach DIN VDE 0666-514 ist um Betätigungselemente wie Schraubsicherungen, einstellbare Schutzeinrichtungen, NH-Trenner etc. auf Grundlage der Durchführungsanweisung zu den DGUV Vorschriften 3 und 4 auch in Schaltgerätekombinationen älterer elektrischen Anlagen anzubringen:

- handrückensicher: 50 mm Kugel,
- fingersicher: 30 mm Kugel,
- Zugang zu den Betätigungselementen nur mithilfe von Werkzeug, Schlüssel oder in abgeschlossenen elektrischen Betriebsstätten,
- kein Zugang von Laien.

7.3.13 Zugänglichkeit

- Zugänglichkeit zu Betriebsmitteln, insbesondere zu Schalt-, Steuer- und Schutzeinrichtungen,
- ausreichende Bemessung der Arbeitsbereiche unter Beachtung z. B. DIN VDE 0100-731 „Bedien- und Wartungsgänge“,
- Zugang zu Einrichtungen zum Stillsetzen/Abschalten muss im Notfall ohne Leitern und Tritte möglich sein,

- Anordnung von Schalt- und Schutzgeräten in Schaltgerätekombinationen z. B. gemäß DIN VDE 0660-600-1 Beiblatt 01, sofern erforderlich,
- erforderlichenfalls Einhaltung der Installationszonen gemäß DIN 18015-3, sofern vereinbart.

7.3.14 Schutzpotentialausgleich

- Anschluss der Schutzleiter an Betriebsmitteln der Schutzklasse 1
- Anschluss der Schutzleiter an einer Schutzleiterklemme der in Verteilungen angeschlossenen Kabel und Leitungen
- Anschluss von PA-Leitern
- Kennzeichnung der Leiter
- Leiterquerschnitte gemäß DIN VDE 0100-540

7.3.15 Zusätzlicher örtlicher Schutzpotentialausgleich

Leiterquerschnitte gemäß DIN VDE 0100-540

7.3.16 Dokumentation

(siehe Checkliste Abschnitt 8.3 *Dokumentation*)

- Einstellwerte und Bemessungsströme der Schutzeinrichtungen in den Schaltungsunterlagen oder der Stromkreislegende
- Risikobeurteilungen zum Einsatz von Maßnahmen gegen Fehlerlichtbögen gemäß DIN VDE 0100-420 Abs. 422

7.3.17 Busleitung/Aktoren/Gebäudesystemtechnik

DIN 18015-4 Elektrische Anlagen in Wohngebäuden – Teil 4: Gebäudesystemtechnik

7.4 Erprobung

Es sind folgende Funktionen zu erproben:

a) Funktionsprüfung der Anlage und der Schaltungen

b) Betätigen der Testtaste an Fehlerstrom-Schutzeinrichtungen

c) Erproben der Funktion von Schutz- und Überwachungseinrichtungen durch Betätigen der Testtasten und ggf. Simulation eines Isolationsfehlers mit einer Drahtbrücke

d) Erproben der Drehrichtung von Motoren durch Drehfeldmessung an den Anschlussklemmen
e) Erproben des Drehfelds an Drehstromsteckdosen, Rechtsdrehfeld
f) Messung des Spannungsfalls unter Berücksichtigung der Leitungslängen
g) Erproben der Gebäudesystemtechnik durch Testen der Funktionen und Prüfung der eingestellten Parameter

8 Inhalte von Prüfberichten und Unterlagen

8.1 Erstprüfung und wiederkehrende Prüfung

- Der Prüfbericht ist nach Errichtung, Änderung und Erweiterung elektrischer Anlagen zu erstellen (VDE 0100-600 Abs. 6.4.4.1).
- Der Prüfumfang sowie die elektrische Anlage müssen darin beschrieben sein.
- Der Prüfbericht enthält Aufzeichnungen über Besichtigen, Erproben und Messen.
- Es müssen die geprüften Stromkreise und die Prüfergebnisse ersichtlich sein.
- Die Prüfung gilt nur als bestanden, wenn keine Mängel vorliegen.
- Der Prüfbericht darf Empfehlungen zur Instandhaltung enthalten.
- Die Akteure (Planer, Errichter und Prüfer der elektrischen Anlage) müssen ersichtlich sein.

Der Prüfbericht ist von einer Elektrofachkraft mit Prüferfahrung zu unterschreiben (VDE 0100-600 Abs. 6.4.4.5). Die Bestätigung kann auch in anderer Form erfolgen, z. B. durch eine elektronische Signatur.

8.2 Mindestinhalte eines Prüfberichts

- Name und Anschrift des Auftraggebers
- Name und Anschrift des Auftragnehmers
- Bezeichnung der einzelnen Prüfprotokolle für die Dokumentation von Messwerten (Protokoll-Nr.) je nach Größe und Komplexität der Anlage
- Bezeichnung des Objekts, z. B. Anlage, Gebäude, Gebäudeteile, Verteiler, Stromkreise. Aus der Dokumentation müssen die geprüften Stromkreise mit ihren Bezeichnungen und die zugehörigen Schutzeinrichtungen ersichtlich sein
- Verwendete Mess- und Prüfgeräte
- Alle beim Besichtigen, Erproben und Messen ermittelten Informationen sowie die Ergebnisse von Berechnungen müssen vom Prüfer bewertet werden. Diese Bewertung ist das Ergebnis der Prüfung!

- Das Ergebnis der Prüfung ist einschließlich der für die Bewertung relevanten Messwerte zu dokumentieren
- Bei der Bewertung sollten auch Messwerte, die die Normanforderungen erfüllen, aber auffällig von den zu erwarteten Werten abweichen, berücksichtigt werden
- Eine Dokumentation aller einzelnen Messwerte ist nicht gefordert
- Prüfstelle, Prüfer, Datum der Prüfung, Unterschrift

8.3 Unterlagen und Dokumente

8.3.1 Allgemeine Anforderungen

Sofern keine zusätzlichen Vereinbarungen zwischen Errichter und Betreiber getroffen werden, müssen nach DIN VDE 0100-520 Abs. 514.5, soweit zweckdienlich, Schaltpläne, Diagramme oder Tabellen in geeigneter Form vorhanden sein. Die technische Dokumentation muss den Anforderungen der Normenreihe DIN EN 61082 (VDE 0040) entsprechen. Aus den Schaltungsunterlagen müssen insbesondere folgende Sachverhalte ersichtlich sein:

- Merkmale zur Identifizierung der Schutz-, Trenn- und Schalteinrichtungen
- Art und Aufbau der Stromkreise
- Angeschlossene Betriebsmittel (Verbraucher etc.)
- Anzahl der Leiter und Leiterquerschnitte
- Art der Kabel- und Leitungsanlagen (Kabeltyp, Verlegung)

Nach DIN VDE 0100-510 Abs. 514.5 dürfen bei einfach aufgebauten Anlagen die Informationen in Form einer Liste (Stromkreislegende o. ä.) vorliegen.

8.3.2 Zusätzliche Anforderungen in Wohngebäuden

Sofern zwischen Auftraggeber und Auftragnehmer zusätzliche Anforderungen gemäß DIN 18015-Reihe vereinbart sind, sind ergänzend zu den Anforderungen nach DIN VDE 0100-520 Abs. 514.5 folgende Unterlagen zu erstellen:

- DIN VDE 18015-1 Elektrische Anlagen in Wohngebäuden Teil 1: Planungsgrundlagen Abs. 4.7 Installationspläne, Schaltpläne und weitere Dokumentation:
  - Art und Ausführung der Schaltungsunterlagen in Übereinstimmung mit DIN VDE 0100-510 Abs. 514.5

- Vollständigkeit und Plausibilität der Prüfberichte über die Erstprüfung der elektrischen Anlagen nach DIN VDE 0100-600 Abs. 6.4.4
- Vollständigkeit und Plausibilität der Dokumentation über die Erdungsanlage nach DIN 18014 Abs. 7
- Vorhandensein von Hinweisen und Empfehlungen in den Prüfberichten für notwendige Wartungs- und Prüfintervalle

8.3.3 Zusätzliche Anforderungen zu Abnahmeprüfungen

Unterlagen für Abnahmeprüfungen von gewerblich und öffentlich betriebenen elektrischen Anlagen, sofern keine besonderen vertraglichen Regelungen getroffen sind.

- Einstufung und Zweck der elektrischen Anlage (Arbeitsstätte, trockene/nasse Räume, feuergefährdete Betriebsstätte, Verbraucheranlage, Erzeugungsanlage, ...)
- Messprotokolle nach DIN VDE 0100-600 über die Erstprüfung mit den zum Nachweis der Schutzmaßnahmen relevanten Messwerten. Bei wiederkehrenden Prüfungen ist der Prüfbericht nach DIN VDE 0105-100 bereitzuhalten
- Konformitätsnachweise der Niederspannungs-Schaltgerätekombinationen (Verteiler) nach Niederspannungsrichtlinie 2014/35/EU mit Nachweis der Übereinstimmung der zutreffenden normativen Anforderung gemäß DIN VDE 0660-600-1/-2 /-3 (*Stückprüfungsprotokoll*)
- Schaltungsunterlagen über die Ausführung der Verteilung nach DIN VDE 0100-510 Abs. 514.5 mit den erforderlichen Angaben, insbesondere Bemessungs- und Einstellgrößen der Schutzeinrichtungen
- Übersichts- und Montagepläne mit eingetragenen Betriebsmitteln (falls erforderlich)
- Risiko- und Sicherheitsbewertung über besondere Maßnahmen sowie die Erfordernis des Einsatzes von Fehlerlichtbogen-Schutzeinrichtungen (AFDDs) nach DIN VDE 0100-420 Abs. 427.1
- Koordinierung des Überspannungsschutzes nach DIN VDE 0100-443 und VDE-AR-N 4100 und ggf. eine Risikobeurteilung oder weitere Auflagen
- Nachweise über die Wirksamkeit der Erdungsanlage gemäß DIN 18014 Abs. 8.2
- Montage- und Bedienungsanleitungen der Betriebsmittel
- Datenblätter und Stücklisten

8.3.4 Ergänzende Unterlagen für öffentliche Gebäude, Sonderbauten und Arbeitsstätten (Listung nicht abschließend)

- Gefährdungsbeurteilung nach § 6 ArbSchG, § 3 BetrSichV, § 3 ArbStättV, DGUV Vorschrift 1
- Errichterbescheinigung nach DGUV Vorschrift 3 und/oder eine Fachunternehmererklärung des Systementwicklers/Errichters
- EMV-Dokumentation gemäß § 4 Abs. 2 Satz 2 EMVG (falls erforderlich). Der Nachweis kann z. B. über die bestimmungsgemäße Installation der Betriebsmittel in Übereinstimmung der Anforderungen nach DIN VDE 0100-444 erfolgen
- Angaben zum Brandschutz des Gebäudes (Brandabschnitte, Aufschaltung auf Meldeanlagen, z. B. Brandmeldeanlage; Leitungsverlegung innerhalb des Gebäudes, z. B. in notwendigen Fluren)
- Brandschutzkonzept und Auflagen, sofern erforderlich und vorhanden
- Obliegenheiten des Versicherers (Anwendung von bestimmten VdS-Richtlinien, ...)

8.3.5 Unterlagen für den Anschluss am Niederspannungsnetz

- Unterlagen über die Zustimmung den Netzbetreibers nach VDE AR-N 4100 Abs. 4.1 (neue Anschlussnutzeranlagen und bei wesentlichen Änderungen)
- Nachweise und Protokolle über die Zustimmung des Netzbetreibers nach VDE AR-N 4100 Abs. 4.1 (bei neuen Anschlussnutzer- und Kundenanlagen sowie bei wesentlichen Änderungen)
- Inbetriebnahmeprotokolle nach VDE-AR-N 4100 und VDE AR-N 4105 durch den Netzbetreiber

8.4 Dokumente zur Abnahme nach DIN 18382-2 (VOB/C) Abs. 3.4

- Bedienungs- und Wartungsanleitungen (DIN 18382-2 Abs. 3.4.1)
- Notwendige Dokumentation zur Pflege und Reinigung (DIN 18382-2 Abs. 3.4.1)
- Ausführungspläne (Anordnungspläne) mit eingetragenen elektro-, sicherheits- und informationstechnischen Komponenten

- Übersichtsschaltpläne, getrennt je Elektro-, Sicherheits- und Informationstechnische Anlage
- Stromlaufpläne in dreipoliger Darstellung
- Aufbauzeichnungen der Schaltgerätekombinationen (z. B. Datenblätter)
- Anlagen-/Funktionsbeschreibungen
- Anschlusstabellen, z. B. Klemmenpläne, Umsetzung Schnittstellenliste
- Datenpunkt-/Funktionslisten, z. B. Störungsmeldeschema und Störungsmeldeweiterleitungsschema
- Softwaredokumentationen, z. B. zu Bussystemen, SPS
- Messprotokolle nach DIN VDE 0100-600 über die Erstprüfung mit den zum Nachweis der Schutzmaßnahmen relevanten Messwerten.
- Inbetriebnahmen und Einregulierungen sowie weitere Protokolle, sofern erforderlich
- Messprotokolle der Elektro-, Sicherheits- und Informationstechnischen Anlage
- Ersatzteile-/Stücklisten
- Bedienungsanleitungen, Wartungshinweise, Betriebstagebücher und Prüfbücher für den Betrieb der Anlage
- Einweisungen des Anlagenbetreibers (Protokolle)
- vorgeschriebene Werks- und Prüfbescheinigungen
- Errichtererklärung
- bauaufsichtliche Prüfzeugnisse (DIBt)
- Konformitätserklärungen für Einzelkomponenten und der Niederspannungs-Schaltgerätekombinationen (z. B. Stückprüfungsprotokolle nach DIN VDE 0660-600-1, -2 , -3)
- Abweichungsvereinbarungen und Ausführungsvereinbarungen wie Planungsnormen und Ausstattungsmerkmale. Hinweis: Liegt keine Abweichungsvereinbarung vor, werden die Bewertungskriterien vollumfänglich berücksichtigt und Abweichungen als Mangel (Sachmangel) gelistet

9 Beispiele für weitere Bewertungskriterien

9.1 Ergänzende Bewertungskriterien für Wohngebäude oder Gebäude ähnlicher Nutzung

Folgende Planungsanforderungen lagen dem Sachverständigen zum Zeitpunkt der Prüfung vor und werden im Rahmen der Prüfung berücksichtigt. Festgestellt Abweichungen gegenüber den folgenden Planungsanforderungen werden als Sachmangel (S) gekennzeichnet:

- DIN VDE 18015-1 Elektrische Anlagen in Wohngebäuden Teil 1: Planungsgrundlagen Abs. 4.5 Rohrnetze
  - Verlegung von Kommunikationskabel mit Möglichkeit zur Auswechslung
  - DIN VDE 18015-1 Elektrische Anlagen in Wohngebäuden Teil 1: Planungsgrundlagen Abs. 4.7 Installationspläne, Schaltpläne und weitere Dokumentation
- Art und Ausführung der Schaltungsunterlagen in Übereinstimmung mit DIN VDE 0100-510 Abs. 514.5
- Vollständigkeit und Plausibilität der Prüfberichte über die Erstprüfung der elektrischen Anlagen nach DIN VDE 0100-600 Abs. 6.4.4
- Vollständigkeit und Plausibilität der Dokumentation über die Erdungsanlage nach DIN 18014 Abs. 7
- Vorhandensein von Hinweisen und Empfehlungen in den Prüfberichten für notwendige Wartungs- und Prüfintervalle
- DIN VDE 18015-1 Elektrische Anlagen in Wohngebäuden Teil 1: Planungsgrundlagen Abs. 5.2.1 Hauptstromversorgungssystem und Hauptleitungen
  - Auslegung von Kabeln und Leitungen der Verteilerstromkreise (Hauptleitungen) in Übereinstimmung mit DIN VDE 0298-4 für einen Bemessungsstrom von 63 A und Ausführung als Dreiphasenwechselstromkreise 400/230 V
  - Ausführung des Hauptstromversorgungssystems als Strahlennetz
  - Eignung der Leitungsdurchführung durch Kellerdecken: Eignung der Kabeldurchführungen, Schächte, Unterputzverlegung
- DIN VDE 18015-1 Elektrische Anlagen in Wohngebäuden Teil 1: Planungsgrundlagen Abs. 5.2.4 Gemeinschaftsanlagen
  - Separate Verbrauchserfassung in Gemeinschaftsanlagen

- DIN VDE 18015-1 Elektrische Anlagen in Wohngebäuden Teil 1: Planungsgrundlagen Abs. 5.2.5 Wohnungsanlagen
  - Auswahl der Installationsverteiler nach DIN EN 60670-24 (VDE 0606-24) und DIN 43871 in Wohnungen
  - Installationsverteiler sind mindestens in 4-reihiger Ausführung in Mehrraumwohnungen und 3-reihiger Ausführung in Einraumwohnungen ausgeführt; mindestens zwei Stromkreisverteiler in Wohnungen, die sich über mehrere Etagen erstrecken
  - Maximal zulässige Austeilung der Endstromkreise mit Fehlerstrom-Schutzeinrichtungen (RCDs); 2-polig: max. zwei Endstromkreise, 4-polig: max. sechs Endstromkreise
  - Auslegung elektrischer Durchlauferhitzer in dreiphasiger Ausführung (TN-S-System) und Auslegung der Kabel und Leitungen für eine maximale Strombelastbarkeit von mindestens 35 A
  - Auslegung der Herdanschlüsse in dreiphasiger Ausführung (TN-S-System) und Auslegung der Kabel und Leitungen für eine maximale Strombelastbarkeit von mindestens 20 A und Auslegung der Überstrom-Schutzeinrichtung mit einem Bemessungsstrom von 20 A

9.2 Ergänzende Bewertungskriterien für notwendige Flure und Treppenräume

- Richtlinie über brandschutztechnische Anforderungen an Leitungsanlagen (Leitungsanlagen-Richtlinie – LAR) Abs. 3.2 Elektrische Leitungsanlagen
- Richtlinie über brandschutztechnische Anforderungen an Leitungsanlagen (Leitungsanlagen-Richtlinie – LAR) Abs. 4 Führung durch Wände und raumabschließende Teile

9.3 Ergänzende Bewertungskriterien für den Anschluss von Kundenanlagen am Niederspannungsnetz

- VDE-AR-N 4100 Technische Regeln für den Anschluss von Kundenanlagen an das Niederspannungsnetz und deren Betrieb (TAR Niederspannung)
  - Absatz 4.1 Anmeldeverfahren und anschlussrelevante Unterlagen

- Absatz 7.3 Belastungs- und Bestückungsvarianten von Zählerplätzen
- Absatz 11.2 Überspannungsschutz

- VDE-AR-N 4105 Erzeugungsanlagen am Niederspannungsnetz. Technische Mindestanforderungen für den Anschluss und Parallelbetrieb von Erzeugungsanlagen am Niederspannungsnetz
  - Absatz 4.2 Anmeldeverfahren und anschlussrelevante Unterlagen
  - Absatz 4.3 Inbetriebsetzung der Erzeugungsanlage und/oder des Speichers
  - Absatz 9 Nachweis der elektrischen Eigenschaften

10 Typische Mängel

<table>
<tr>
<td>Die Befestigung der in die Betriebsmittel geführten Leitungen sind unzureichend
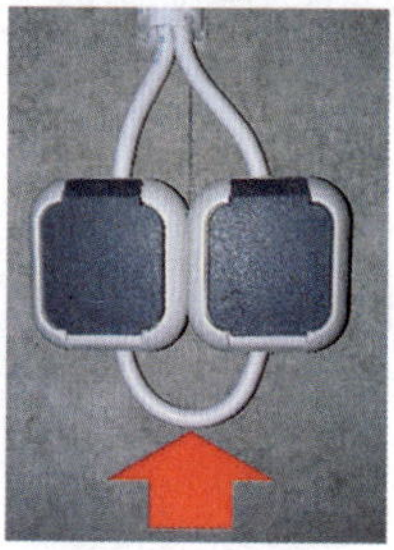</td>
<td>Nach DIN VDE 0100-520 Abs. 522.8.5 sind Kabel und Leitungen mit geeigneten Befestigungsmitteln gegen Zugbeanspruchung zu schützen. Wenn die Kabel- und Leitungsanlage einer andauernden Zugbeanspruchung unterworfen ist (z. B. durch ihr eigenes Gewicht bei senkrechter Verlegung), müssen Kabel- oder Leitungsbauart, Querschnitt und Befestigungsart dafür geeignet sein, eine Beschädigung der Leitungen oder Kabel durch übermäßige Zugbeanspruchung zu vermeiden. Die Kabel und Leitungen sind demnach (z. B. mit Bügelschellen) an einer C-Profilschiene zu befestigen und/oder mit geeigneten Kabelverschraubungen an der Einführstelle in eine Niederspannungsschaltgerätekombination bzw. ein Gehäuse zu befestigen. Die Anforderungen an die IP-Schutzart sind hierbei zu beachten.
Hinweis: Leitungseinführungen mit Gummilippen stellen keinen ausreichend Schutz gegen Zugbeanspruchungen dar. Die Leitungen sind demnach entweder vor dem Verteiler durch geeignete Befestigungsmittel gegen Zugbeanspruchungen zu schützen und/oder es sind z. B. Kabelverschraubungen oder geeignete Befestigungsschellen zu verwenden.</td>
</tr>
<tr>
<td>Kabelpritsche ohne Kantenschutz
</td>
<td>Die Kabel und Leitungen sind aufgrund der scharfkantigen Bleche der Kabelpritsche unzureichend gegen mechanische Beschädigungen geschützt.</td>
</tr>
<tr>
<td>Befestigungsschellen mechanische Beanspruchung
</td>
<td>Die Kabel und Leitungen sind augenscheinlich durch die Ausführung der Befestigungsmittel unzulässig mechanisch beeinträchtigt.</td>
</tr>
<tr>
<td>Mantelleitung (NYM) ungeschützt im Freien verlegt
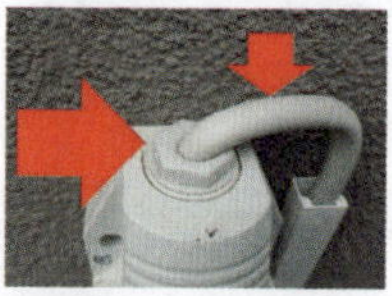</td>
<td>Die PVC-Mantelleitung vom Typ NYM ist nicht gegen direkte Sonneneinstrahlung (UV-Strahlung) geschützt.
Leitungen sind gemäß DIN VDE 0298-565-1 Abs. 4.2.3 so auszuwählen, dass sie für alle äußeren Einflüsse, u. a. UV-Strahlung, geeignet sind. Mantelleitungen aus PVC dürfen demnach nicht ohne zusätzlichen Schutz vor direkter Sonneneinstrahlung im Freien installiert werden.</td>
</tr>
<tr>
<td>Berührungsschutz an der Frontabdeckung
</td>
<td>Der Schutz gegen direktes Berühren ist aufgrund der losen bzw. fehlenden Frontabdeckung nicht gegeben.
Nach DIN VDE 0100-410 Anhang A (normativ) Abs. A.2.4 sind aktive Teile hinter Zwischenabdeckungen, die ausschließlich mit Werkzeug oder Schlüssel entfernt werden können, gegen das direkte Berühren mit mindestens der Schutzart IPXXB oder IP2X zu umhüllen.
Es besteht Unfallgefahr durch unter Spannung stehende aktive Teile.</td>
</tr>
</table>

Berührungsschutz an Bedienelementen unzureichend 	Der Schutz gegen direktes Berühren um das Betätigungselement ist unzureichend. Gemäß der Anpassungsforderung der berufsgenossenschaftlichen Vorschrift DGUV Vorschrift 3 bzw. DGUV Vorschrift 4 Durchführungsanweisung Anhang 1 müssen die berührungsgefährlichen Teile im Bereich von 30 mm um das Betätigungselement fingersicher und im Bereich von 100 mm um das Betätigungselement handrückensicher abgedeckt werden.
Fehlende Schraubkappe 	Der Schutz gegen direktes Berühren ist aufgrund der fehlenden Schraubkappen eingeschränkt.
Drehstromkreis/Schutzeinrichtung keine Trenneigenschaften	Der Drehstromkreis ist nicht mit einer dreipoligen Schalteinrichtung ausgerüstet, die alle Außenleiter trennt. Nach DIN VDE 0100-410 Abs. 411.3.2.1 müssen Schutzeinrichtungen, die als Schutzvorkehrung zur automatischen Abschaltung im Fehlerfalle verwendet werden, zum Trennen mindestens der Außenleiter (des Außenleiters) geeignet sein. Geeignete Geräte zum Trennen können dem Anhang B (normativ) der DIN VDE 0100-530 (VDE 0100-530):2018-06 entnommen werden.
Steckdosenstromkreis ohne RCD geschützt	Der Steckdosenstromkreis ist nicht mit einer Fehlerstrom-Schutzeinrichtung mit einem Bemessungsfehlerstrom von höchstens 30 mA geschützt. Nach DIN VDE 0100-410 Abs. 411.3.3 (Ausgabe Oktober 2018) müssen Steckdosen in Endstromkreisen und für die Versorgung vor ortsveränderlichen Betriebsmitteln im Außenbereich bis zu einem Bemessungsstrom von 32 A mit Fehlerstrom-Schutzeinrichtungen mit einem Bemessungsdifferenzstrom von höchstens 30 mA geschützt sein.
Erwärmungsspuren an Klemmen 	Das Betriebsmittel weist Erwärmungsspuren auf. Die sichere Kontaktierung ist damit beeinträchtigt. Die Ursache ist abzustellen und das beschädigte Betriebsmittel zu erneuern.

Erwärmungsspuren Abdeckungen (Wärmestau) 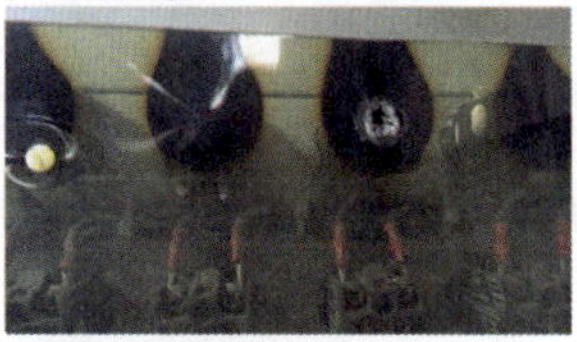	Die Plexiglasscheiben weisen auf der Rückseite der Leuchten Erwärmungsspuren auf.
Spröde Kunststoffe an Verbindungsmaterialen 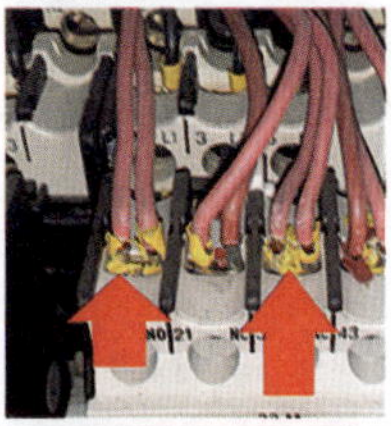	Das Betriebsmittel weist Verfärbungen auf. Diese deuten ggf. auf unzulässig hohe Erwärmungen hin. Die Kunststoffkappe der Aderendhülsen sind spröde, wodurch die Verfärbung am Betriebsmittel und der Anschlussstelle auf unzulässig hohe Temperaturen zurückgeführt werden kann. Die Ursache ist abzustellen und das Betriebsmittel mit den Leiterverbindungen sind instand zu setzen.
Thermografische Auffälligkeiten 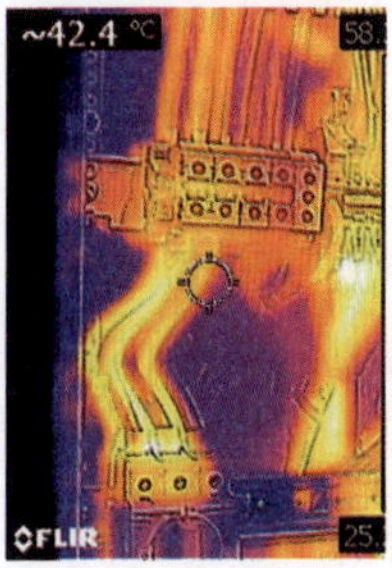	Innerhalb der Schaltgerätekombination wurden erhöhte Umgebungstemperaturen festgestellt. Die Umgebungstemperatur lag bei Abnahme der Frontabdeckungen offensichtlich über der Grenzübertemperatur von 35 °C. Erläuterung: Der Bemessungsstrom ist der angegebene Wert des Dauerstroms ohne Überschreitung der festgelegten Grenzübertemperatur. Nach DIN VDE 0660-600-1 Abs. 9.2 gilt für die Grenztemperatur eine tägliche mittlere Umgebungstemperatur der Luft von 35 °C. Zum Zeitpunkt der Prüfung lag keine Stückprüfungsprotokoll und kein Erwärmungsnachweis nach DIN VDE 0660-600-1 vor. *Hinweis:* Die Schaltgerätekombination wurde laut Aufkleber 11/2021 installiert. – Die Messprotokoll nach DIN VDE 0100-600 sowie weitere Dokumente des Errichters lagen zum Zeitpunkt der Prüfung nicht vor. Der Nachweis ist zu erbringen. – Die Nachweise über abweichende Umgebungsbedingungen sind vom Hersteller bzw. vom Errichter zu erbringen. (vgl. DIN VDE 0660-600-1)
Passhülse in Schraubsicherung fehlt 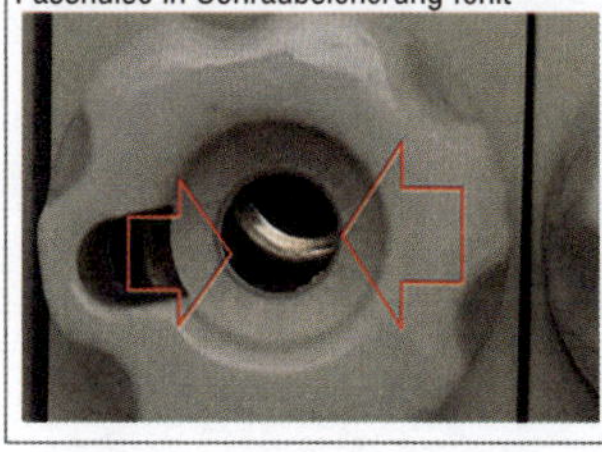	In den Schraubkappen der Schmelzsicherungen sind keine Pass- bzw. Reduzierhülsen eingesetzt. Gemäß DIN VDE 0100-530 Abs. 533.1.2 dürfen Sicherungsunterteile nach DIN VDE 0635 (VDE 0635) und DIN VDE 0636-3 (VDE 0636-3) nur in Verbindung mit Passeinsätzen (Passring oder Passschraube) verwendet werden, die verhindern, dass Sicherungseinsätze mit unzulässig hohen Bemessungsströmen eingesetzt werden können.

<table>
<tr>
<td>Abstand Leuchte zu brennbaren Materialien</td>
<td>Die Leuchten an den Wänden sind so angebracht, dass sich leicht entzündliche Stoffe so sehr nähern können, dass eine Brandgefahr besteht.

Nach VDE 0100-420 Absatz 422.3.1 müssen Leuchten einen ausreichenden Abstand von brennbaren Materialien haben.

Wenn andere Herstellerangaben nicht gemacht werden, müssen kleine Scheinwerfer und Projektoren von brennbaren Materialien folgenden Mindestabstand haben:

< 100 W: 0,5 m,

> 100 W bis 300 W: 0,8 m,

> 300 W bis 500 W: 1,0 m,

> 500 W: größere Abstände können notwendig sein.

Die Abstände gemäß der Herstellerangaben sind dabei vorrangig zu beachten.

Gemäß der Herstellerangaben auf den Leuchten muss ein Sicherheitsabstand zu brennbaren Materialien von Mindestens ..... m eingehalten werden (Abstandwert je nach Betriebsmittel).</td>
</tr>
<tr>
<td>Reduzierung des Leiterquerschnittes ohne Überstromschutzeinrichtung
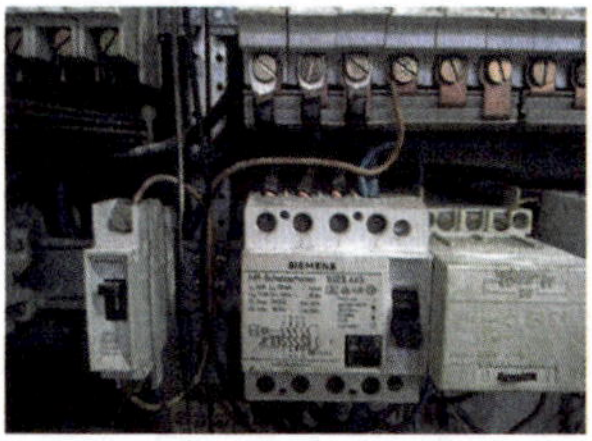</td>
<td>Die Reduzierung des Leiterquerschnitts ohne Überstrom-Schutzeinrichtung ist unzulässig.

Nach DIN EN 60204-1 (VDE 0113) Abs. 7.2.8 bzw. DIN VDE0100-430 und DIN VDE 0100-520 sind Überstrom-Schutzeinrichtungen dort anzuordnen, wo der Leiterquerschnitt reduziert wird, sich die Strombelastbarkeit aufgrund der Verlegebedingung reduziert oder sich die Strombelastbarkeit aus anderen Gründen reduziert anzuordnen.

Auf eine Überstrom-Schutzeinrichtung darf nur verzichtet werden, wenn alle folgenden Bedingungen erfüllt sind:

– Die Strombelastbarkeit des Leiters ist mindestens gleich der, die sich aus der Last ergibt;

– Der Leiterabschnitt ist nicht länger als 3 m

– Die Leiter sind erd- und kurzschlusssicher (z. B. durch ein Gehäuse oder einen Kabelkanal) verlegt.</td>
</tr>
<tr>
<td>Hauptstromversorgungssystem/SPD Typ 1
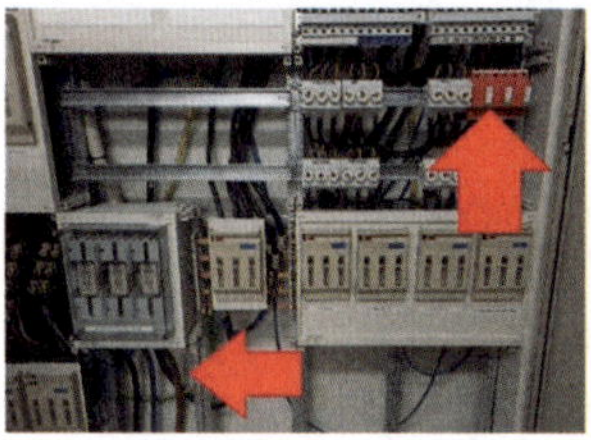</td>
<td>In der Hauptverteilung ist der eingebaute Überspannungsschutz fachgerecht zu montieren, z. B. bei der Einspeisung. Es konnte durch Besichtigen nicht festgestellt werden, dass das im Verteiler eingebaute Überspannungs-Schutzgerät vom Typ 1 auf unmittelbar direktem Weg mit dem Blitzschutz-Potentialausgleich verbunden ist.

Nach DIN VDE 0100-534 Abs. 534.9 sind zum optimalen Schutz bei Überspannung die Anschlussleitungen zu den Überspannungs-Schutzeinrichtungen so kurz wie möglich zu halten. Die gesamte Anschlusslänge zwischen Netzanschlussklemme und SPD darf in der gesamten Länge höchstens 1 m betragen. Leiterschleifen sind zu vermeiden. Des Weiteren sind aktive Leiter der elektrischen Anlage möglichst nahe an der Hauseinführung mit dem Überspannungsschutz vom Typ 1 zu verbinden. (vgl. DIN VDE 0185-305-X)</td>
</tr>
</table>

Unterverteiler ohne SPD/ohne Überspannungsschutz	In der Elektroverteilung sind keine Überspannungs-Schutzgeräte eingebaut. Nach DIN VDE 0100-443 ist für den Schutz vor transienten Überspannungen Überspannungs-Schutzgeräte (SPD) in den Unterverteilungen zu installieren, wenn Betriebsmitteln der Überspannungskategorien I oder II errichtet sind. Hinweis: Es ist aufgrund der elektrischen Betriebsmittel wie PCs, Elektronik etc. grundsätzlich davon auszugehen, dass Betriebsmittel der Überspannungskategorien I und/oder II an der elektrischen Anlage angeschlossen sind.
Leiterbefestigung mit Klebeschellen 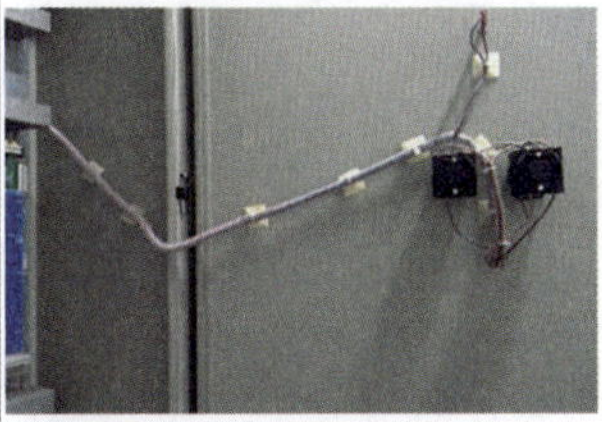	Die innenseitig zur Verteilertür geführten basisisolierten Leitungen sind unzureichend gegen mechanische Beanspruchung geschützt. Die Befestigung mit Klebeschellen stellt keine geeignete feste und dauerhafte Leitungsbefestigung dar.
Leitungen über scharfe Kanten und Profilbleche geführt  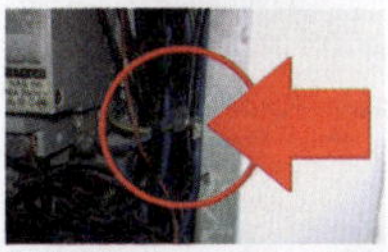	Die Leiter der internen Verdrahtung der Niederspannungs-Schaltgerätekombination sind teilweise über scharfkantige Profilbleche ohne Kantenschutz geführt. (vgl. DIN VDE 0660-600-1) Die scharfkantige Leitungsführung der internen Verdrahtung ist unzulässig.
Reihenklemmen ohne N-Schienenhalterung 	An den Klemmen ist keine separate Halterung der N-Schiene angebracht. Die N-Schiene ist mit einer separaten oder in den Klemmen integrierte Halterung zu befestigen. Die alleinige Befestigung an den N-Trennklemmen der Reihenklemmen ist unzulässig. Wird die N-Schiene herausgenommen oder fällt sie aufgrund unzureichender Befestigung ab, kommt es in Folge der Unterbrechung des Neutralleiters zu einer Verschiebung des Sternpunkts. Dadurch können bei unsymmetrischer Last die Betriebsmittel bzw. der Außenleiter betriebsmäßig Spannungen von über 230 V anliegen. Es besteht Brandgefahr.

Leiterverbindung mit Abspleißen der feindrähtigen Leiter 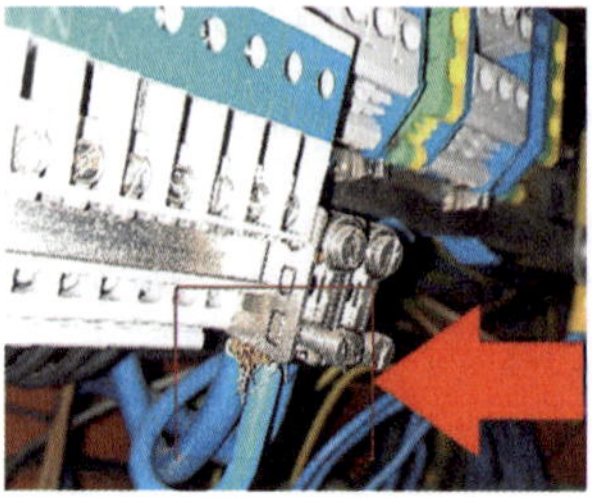	Der feindrähtige Leiter an der Anschlussstelle ist nicht vollständig in die Anschlussstelle eingeführt, so dass der Leiterquerschnitt an der Anschlussstelle unzulässig reduziert ist. Nach DIN VDE 0100-520 Abs. 526.8.1 sind zum Schutz gegen Abspleißen und Abquetschen einzelner Drähte von mehr-, fein- und feindrähtigen Leitern geeignete Klemmen zu verwenden oder die Leiterenden besonders (z. B. durch geeignete Aderendhülsen) vorzubereiten. Bei Leiterenden von feindrähtigen Leitern sollten Maßnahmen ergriffen werden, dass sich einzelne Drähte nicht abspleißen. Es sollten die Herstellerangaben zum Anschluss von Leitern beachtet werden. Gecrimpte Aderendhülsen sind eine geeignete Maßnahme zur Behandlung von Leiterenden von feindrähtigen Leitern – vorausgesetzt, dass darauf geachtet wurde, dass alle Drähte in die Aderendhülse eingeführt wurden. (vgl. DIN VDE 0100-520 Beiblatt 01 Abs 526.8)
Falsche Auswahl der Aderendhülsen 	Die verwendete Klemmtechnik für die Leiteranschlüsse und -verbindungen ist nicht fachgerecht ausgeführt bzw. ausgewählt. Nach DIN VDE 0100-520 Abs. 526 müssen Verbindungen zwischen Leitern sowie Leiter und Anschlussstellen an Betriebsmitteln eine dauerhafte Stromübertragung sicherstellen. Hierzu müssen die Leiterverbindungen und Anschlussstellen eine angemessene mechanische Festigkeit aufweisen. Demnach sind Aderendhülsen entsprechend dem Leiterquerschnitt auszuwählen und mit geeignetem Werkzeug zu verpressen. Ist der in die Aderendhülse eingeführte feindrähtige Leiter kleiner als die der Aderendhülse, ist keine fachgerechte Verbindung hergestellt. Gleiches gilt bei Aderendhülsen, die für mehrere Leiter vorgesehen sind. Sowie bei Aderendhülsen, die für einen Leiter vorgesehen sind und bei denen mehrere feindrähtige Leiter mit niedrigeren Nennquerschnitten eingeführt sind.
Mehrfacher Leiteranschluss 	Die verwendete Klemmtechnik für die Leiteranschlüsse und -verbindungen ist nicht fachgerecht ausgeführt bzw. ausgewählt. Nach VDE 0609-1 Abs. 6 sind im allgemeinen Klemmstellen nur zur Aufnahme von einem Leiter geeignet. Der Anschluss von zwei Leitern mit unterschiedlichen Leiterquerschnitten bzw. Leiterarten ist unzulässig. Die Anschlussstellen sind gegen eine geeignete Anschlusstechnik zu ersetzen.
Anschlussklemme für Leiterquerschnitt ungeeignet 	Die Anschlusstechnik ist nicht fachgerecht ausgewählt/ausgeführt. Der Leiter ist für die verwendete Anschlussklemme zu gering. Nach VDE 0609-1 Abs. 6 sind sofern in der entsprechenden Produktnorm nichts anderes angegeben kann jede Klemmstelle neben ihrem Bemessungsanschlussvermögen die zwei nächstkleineren Leiterquerschnitte aufnehmen. Die Angaben des Herstellers sind zudem zu beachten.

Leiteranschluss der Stiftkammschiene 	Die an den Überstrom-Schutzeinrichtungen eingangsseitig angeschlossene Stiftkammschiene ist nicht fachgerecht unter die Anschlussschrauben geführt, so dass an der Übergangsstelle erhöhte Übergangswiderstände entstehen können, die im fehlerfreien Betrieb zu unzulässigen hohen Erwärmungen führen.
Lose nicht gekennzeichnete Klemmen 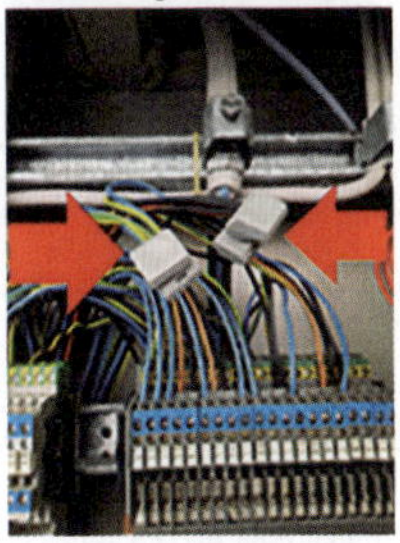	Innerhalb der Elektroverteilung befinden sich lose, nicht gekennzeichnete Klemmstellen. Die losen Klemmstellen sind gegen eine geeignete Anschlusstechnik zu ersetzen. Nach DIN VDE 0660-500 Abs. 7.8.3.2 dürfen Kabel und Leitungen zwischen zwei Anschlussstellen keine Flick- oder Lötstellen haben. Die Verbindungen sind möglichst an ortsfesten Anschlüssen herzustellen. Ferner dürfen nach DIN VDE 0660-500 Abs. 7.8.3.3 isolierte Leiter nicht an blanken aktiven Teilen anderen Potentials oder scharfen Kanten anliegen. Sie müssen demnach in geeigneter Weise (z. B. durch feste Reihenklemmen oder in anderer geeigneter Weise), befestigt sein. *Hinweis:* 1. Steckklemmen zur Isolierung und Verwahrung nicht verwendeter Leiter sind zulässig. 2. Lose Klemmen, die zwei Leiter verbinden, können zum Beispiel gegen Pressverbinder ersetzt werden.
N-Trennklemme fehlt	Der Neutralleiter des Stromkreises lässt sich nicht ohne Eingriff in die elektrische Anlage (Abklemmen) zu Prüfzwecken trennen. Gemäß DIN VDE 0100-718 Abs. 718.421.8 sind Haupt- und Unterverteilungen so auszuführen, dass eine einfache Messung des Isolationswiderstands aller Leiter gegen Erde jedes einzelnen abgehenden Stromkreises möglich ist. Bei Leiterquerschnitten unter 10 mm^2 muss diese Messung ohne Abklemmen des Neutralleiters möglich sein.
Leiter sind nicht fachgerecht abisoliert 	Die Leiter sind augenscheinlich durch die Einkerbungen beschädigt. Die Einkerbungen sind vermutlich auf nicht fachgerechte Handhabung bzw. falsche Einstellung von Werkzeugen zurückzuführen. Die Einkerbungen stellen Sollbruchstellen dar. Die Leiterverbindungen sind zu erneuern.

<table>
<tr>
<td>Leiter ist beschädigt
</td>
<td>Die Leiterisolierung ist beschädigt, so dass der Schutz gegen direktes Berühren nicht sichergestellt ist. Die Beschädigung kann zudem den Leiter hinsichtlich der Stabilität und der Strombelastbarkeit beeinträchtigen.

Der Leiter ist fachgerecht zu isolieren oder erforderlichenfalls zu erneuern.</td>
</tr>
<tr>
<td>Freie, nicht isolierte Leiter in der Elektroverteilung
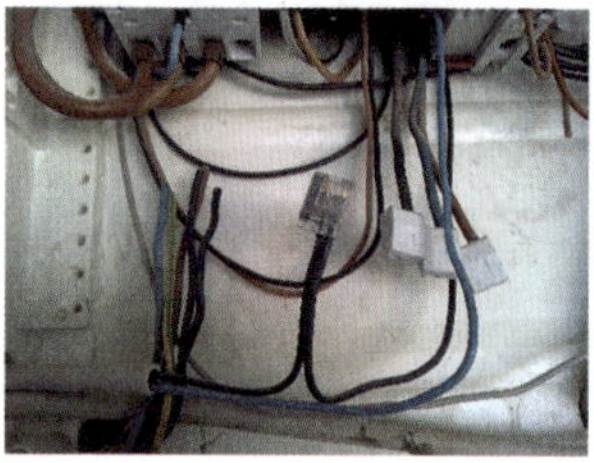</td>
<td>Innerhalb der Elektroverteilung befinden sich freie, nicht isolierte Leiterenden.

Nach VDE 0660-500 Abs. 7.8.3 (zurückgezogene Norm, ersetzt durch DIN VDE 0660-600-1) dürfen isolierte Leiter nicht an blanken aktiven Teilen anderen Potentials anliegen. Die freien, nicht benötigten Leiterenden sind fachgerecht zu isolieren.

Nach DIN VDE 0100-410 muss der Schutz gegen direktes Berühren zu Vermeidung gefährlicher Körperströme unter normalen Bedingungen wirksam sein.

Der Schutz gegen direktes Berühren von freien, nicht isolierten Leitern wird nach DIN VDE 0100-520 Abs. 526.5 erreicht, wenn die Anschlussstellen der Leiter in geeignete Klemmen oder Betriebsmittel eingeführt sind.

Innerhalb der Elektroverteilung kann der Mangel z. B. wie folgt abgestellt werden:
– Die Leiterenden werden auf eine Steckklemme geführt. (Hinweis: die Isolierung nicht verwendeter Leiter mit Steckklemmen ist zum ausschließlichen Zweck der Leiterisolierung zulässig).
– Die Leiter sind auf Reihenklemmen oder Anschlussklemmen von Betriebsmittel zu führen.
– Die Leitung ist außerhalb des Verteilers auf eine Anschlussdose zu führen.</td>
</tr>
<tr>
<td>Isolation von Schwach- zu Starkstromseite
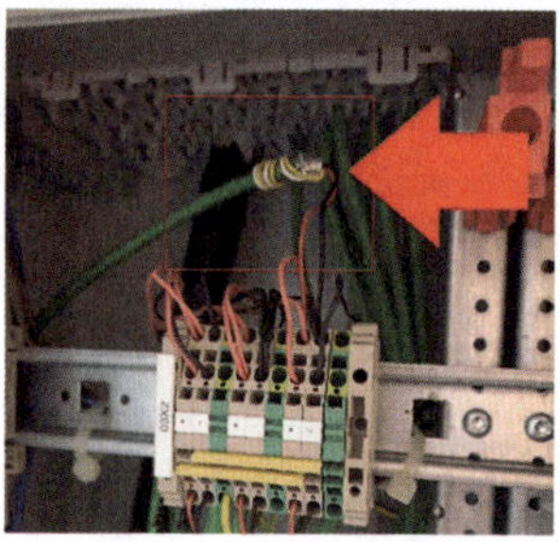</td>
<td>Die Schirmung bzw. die Beidrähte der Leitungen für die Gebäudesystemtechnik (KNX) bzw. Kommunikationstechnik sind nicht isoliert.

Der Mangel kann zum Beispiel durch Anbringung eines Schrumpfschlauches über der abgemantelten Stelle abgestellt werden.

Hinweis: Werden Betriebsmittel mit unterschiedlichen Spannungen und Stromversorgungssystemen betrieben und in Verteilern, Schalt- und Steuerschränken, Bedienkästen o. ä. zusammen angeordnet, müssen die Betriebsmittel und Anschlüsse jeweils einer Stromart oder einer Spannung zugeordnet werden können, soweit dies zur Vermeidung gegenseitiger nachteiliger Beeinflussung notwendig ist.</td>
</tr>
</table>

Literatur- und Quellenverzeichnis

[1] Gesetz über die Durchführung von Maßnahmen des Arbeitsschutzes zur Verbesserung der Sicherheit und des Gesundheitsschutzes der Beschäftigten bei der Arbeit (Arbeitsschutzgesetz – ArbSchG)

[2] CENELEC Guide 32 – Leitfaden für die sicherheitsrelevante Risikobeurteilung und Risikominderung für Niederspannungsbetriebsmittel, 1. Ausgabe 2014/07

[3] DGUV Vorschrift 1 – Unfallverhütungsvorschrift Grundsätze der Prävention, November 2013

[4] DGUV Vorschrift 3 – Unfallverhütungsvorschrift Elektrische Anlagen und Betriebsmittel vom 1. April 1979 in der Fassung vom 1. Januar 1997

[5] DGUV Vorschrift 4 mit Durchführungsanweisungen vom Oktober 1999 (Aktualisierte Ausgabe 2005)

[6] DIN 31051:2012-09 Grundlagen der Instandhaltung

[7] DIN 820-2:2020-03 Normungsarbeit – Teil 2: Gestaltung von Dokumenten

[8] DIN EN 50102 (VDE 0470-100):1997-09 Schutzarten durch Gehäuse für elektrische Betriebsmittel (Ausrüstung) gegen äußere mechanische Beanspruchungen (IK-Code)

[9] DIN EN 60038 (VDE 0175-1):2012-04 CENELEC-Normspannungen

[10] DIN EN 60079-14 (VDE 0165-1):2014-10 Explosionsgefährdete Bereiche – Teil 14: Projektierung, Auswahl und Errichtung elektrischer Anlagen

[11] DIN EN 60204-1 (VDE 0113-1):2019-06 Elektrische Ausrüstung von Maschinen

[12] DIN EN 60529 (VDE 0470-1):2014-09 Schutzarten durch Gehäuse (IP-Code)

[13] DIN EN 60598-1 (VDE 0711-1):2018-09 Leuchten – Teil 1: Allgemeine Anforderungen und Prüfungen

[14] DIN EN 60598-2-24 (VDE 0711-2-24):2014-04 Leuchten – Teil 2-24: Besondere Anforderungen – Leuchten mit begrenzter Oberflächentemperatur

[15] DIN EN 61140 (VDE 0140-1):2016-11 Schutz gegen elektrischen Schlag – Gemeinsame Anforderungen für Anlagen und Betriebsmittel

[16] DIN EN 61439-1 (VDE 0660-600-1):2012-06 Niederspannungs-Schaltgerätekombinationen – Teil 1: Allgemeine Festlegungen
[17] DIN EN 61511-1:2019-02 Funktionale Sicherheit – PLT-Sicherheitseinrichtungen für die Prozessindustrie – Teil 1: Allgemeines, Begriffe, Anforderungen an Systeme, Hardware und Anwendungsprogrammierung
[18] DIN EN 61851-1 (DIN VDE 0122-1):2012-01 Elektrische Ausrüstung von Elektro-Straßenfahrzeugen – Konduktive Ladesysteme für Elektrofahrzeuge – Teil 1: Allgemeine Anforderungen
[19] DIN EN 62606 (VDE 0665-10):2014-08 Allgemeine Anforderungen an Fehlerlichtbogen-Schutzeinrichtungen
[20] DIN EN ISO 12100:2011-03 Sicherheit von Maschinen – Allgemeine Gestaltungsleitsätze – Risikobeurteilung und Risikominderung
[21] DIN IEC/TS 60479-1 (VDE V 0140-479-1):2007-05 Wirkungen des elektrischen Stromes auf Menschen und Nutztiere – Teil 1: Allgemeine Aspekte
[22] DIN VDE 0100 Beiblatt 5 (VDE 0100 Beiblatt 5):2017-10 Errichten von Niederspannungsanlagen; Beiblatt 5: Maximal zulässige Längen von Kabeln und Leitungen unter Berücksichtigung des Fehlerschutzes, des Schutzes bei Kurzschluss und des Spannungsfalls
[23] DIN VDE 0100-100:2009-06 Errichten von Niederspannungsanlagen – Teil 1: Allgemeine Grundsätze, Bestimmungen allgemeiner Merkmale, Begriffe
[24] DIN VDE 0100-200:1998-06 Beiblatt 1 Elektrische Anlagen von Gebäuden Teil 200: Begriffe Beiblatt 1: Zusammenfassung der deutschsprachigen Begriffe
[25] DIN VDE 0100-200:2006-06 Errichten von Niederspannungsanlagen – Teil 200: Begriffe
[26] DIN VDE 0100-300:1996-01 Errichten von Starkstromanlagen mit Nennspannungen bis 1000 V Teil 3: Bestimmungen allgemeiner Merkmale (zurückgezogen)
[27] DIN VDE 0100-410:2018-10 Errichten von Niederspannungsanlagen – Teil 4-41: Schutzmaßnahmen – Schutz gegen elektrischen Schlag
[28] DIN VDE 0100-420:2019-10 Errichten von Niederspannungsanlagen – Teil 4-42: Schutzmaßnahmen – Schutz gegen thermische Auswirkungen
[29] DIN VDE 0100-430:1991-11 Beiblatt 1: Errichten von Starkstromanlagen mit Nennspannungen bei 1.000 V Schutzmaßnahmen; Schutz von Kabeln und Leitungen bei Überstrom; Empfohlene Werte für die

Strombelastbarkeit I_Z, und die Zuordnung von Überstrom-Schutzeinrichtungen zum Schutz bei Überlast

[30] DIN VDE 0100-430:2010-10 Errichten von Niederspannungsanlagen – Teil 4-43: Schutzmaßnahmen – Schutz bei Überstrom

[31] DIN VDE 0100-443:2016-10 Errichten von Niederspannungsanlagen – Teil 4-44: Schutzmaßnahmen – Schutz bei Störspannungen und elektromagnetischen Störgrößen – Abschnitt 443: Schutz bei transienten Überspannungen infolge atmosphärischer Einflüsse oder von Schaltvorgängen

[32] DIN VDE 0100-444:2010-10 Errichten von Niederspannungsanlagen – Teil 4-444: Schutzmaßnahmen – Schutz bei Störspannungen und elektromagnetischen Störgrößen

[33] DIN VDE 0100-450:1990-03 Errichten von Niederspannungsanlagen – Teil 4-42: Schutzmaßnahmen – Schutz gegen thermische Auswirkungen

[34] DIN VDE 0100-460:2018-06 Errichten von Niederspannungsanlagen – Teil 4-46: Schutzmaßnahmen – Trennen und Schalten

[35] DIN VDE 0100-510:2011-03 Errichten von Niederspannungsanlagen – Teil 5-51: Auswahl und Errichtung elektrischer Betriebsmittel – Allgemeine Bestimmungen

[36] DIN VDE 0100-520:2016-10 Beiblatt 1: Errichten von Niederspannungsanlagen – Teil 5-52: Auswahl und Errichtung elektrischer Betriebsmittel – Kabel und Leitungsanlagen; Beiblatt 1: Erläuterungen zur Anwendung der normativen Anforderungen aus DIN VDE 0100-520 (VDE 0100-520):2013-06

[37] DIN VDE 0100-520:2010-10 Beiblatt 2: Errichten von Niederspannungsanlagen – Auswahl und Errichtung elektrischer Betriebsmittel – Teil 520: Kabel- und Leitungsanlagen – Beiblatt 2: Schutz bei Überlast, Auswahl von Überstrom-Schutzeinrichtungen, maximal zulässige Kabel- und Leitungslängen zur Einhaltung des zulässigen Spannungsfalls und der Abschaltzeiten zum Schutz gegen elektrischen Schlag

[38] DIN VDE 0100-520:2012-10 Beiblatt 3: Errichten von Niederspannungsanlagen – Auswahl und Errichtung elektrischer Betriebsmittel – Teil 520: Kabel- und Leitungsanlagen – Beiblatt 3: Strombelastbarkeit von Kabeln und Leitungen in 3-phasigen Verteilungsstromkreisen bei Lastströmen mit Oberschwingungsanteilen

[39] DIN VDE 0100-520:2013-06 Errichten von Niederspannungsanlagen – Teil 5-52: Auswahl und Errichtung elektrischer Betriebsmittel – Kabel- und Leitungsanlagen

[40] DIN VDE 0100-530:2018-06 Errichten von Niederspannungsanlagen – Teil 530: Auswahl und Errichtung elektrischer Betriebsmittel – Schalt- und Steuergeräte
[41] DIN VDE 0100-534:2016-10 Errichten von Niederspannungsanlagen – Teil 5-53: Auswahl und Errichtung elektrischer Betriebsmittel – Trennen, Schalten und Steuern – Abschnitt 534: Überspannungsschutzeinrichtungen (SPDs)
[42] DIN VDE 0100-540:2012-06 Errichten von Niederspannungsanlagen – Teil 5-54: Auswahl und Errichtung elektrischer Betriebsmittel – Erdungsanlagen und Schutzleiter
[43] DIN VDE 0100-560:2011-03 Errichten von Niederspannungsanlagen – Teil 5-56: Auswahl und Errichtung elektrischer Betriebsmittel – Einrichtungen für Sicherheitszwecke
[44] DIN VDE 0100-718:2016-06 Beiblatt 1: Errichten von Niederspannungsanlagen – Teil 7-718: Anforderungen für Betriebsstätten, Räume und Anlagen besonderer Art – Öffentliche Einrichtungen und Arbeitsstätten
[45] DIN VDE 0100-718:2014-06 Errichten von Niederspannungsanlagen – Teil 7-718: Anforderungen für Betriebsstätten, Räume und Anlagen besonderer Art – Öffentliche Einrichtungen und Arbeitsstätten
[46] DIN VDE 0100-722:2016-10 Errichten von Niederspannungsanlagen – Teil 7-722: Anforderungen für Betriebsstätten, Räume und Anlagen besonderer Art – Stromversorgung von Elektrofahrzeugen
[47] DIN VDE 0105-100:2009-10 Betrieb von elektrischen Anlagen – Teil 100: Allgemeine Festlegungen
[48] DIN VDE 0105-100/A1:2019-06 Betrieb von elektrischen Anlagen – Teil 100: Allgemeine Festlegungen; Änderung A1: Wiederkehrende Prüfungen; DIN EN 60204-1 (VDE 0113-1) Sicherheit von Maschinen – Elektrische Ausrüstung von Maschinen – Teil 1: Allgemeine Anforderungen
[49] DIN VDE 0298-300:2009-09 Leitfaden für die Verwendung harmonisierter Niederspannungsstarkstromleitungen
[50] DIN VDE 0298-4:2013-06 Verwendung von Kabeln und isolierten Leitungen für Starkstromanlagen – Teil 4: Empfohlene Werte für die Strombelastbarkeit von Kabeln und Leitungen für feste Verlegung in und an Gebäuden und von flexiblen Leitungen
[51] DIN VDE 1000-10:2009-01 Anforderungen an die im Bereich der Elektrotechnik tätigen Personen

[52] DIN EN 50102 (VDE 0470-100):1997-09 Schutzarten durch Gehäuse für elektrische Betriebsmittel (Ausrüstung) gegen äußere mechanische Beanspruchungen (IK-Code)

[53] DKE-Verlautbarung: Erläuterung zum Konzept der DIN VDE 0100-410

[54] Durchführungsanweisung zur DGUV Vorschrift 3 – Unfallverhütungsvorschrift Elektrische Anlagen und Betriebsmittel vom 1. April 1979 in der Fassung vom 1. Januar 1997 mit Durchführungsanweisungen

[55] EltAnlagen 2020 Planung und Bau von elektrischen Anlagen in öffentlichen Gebäuden, Empfehlung Nr. 159; Stand: 9. Oktober 2020

[56] Erste Verordnung zum Produktsicherheitsgesetz (Verordnung über elektrische Betriebsmittel – 1. ProdSV); 17. März 2016

[57] Gesetz über die Elektrizitäts- und Gasversorgung (Energiewirtschaftsgesetz – EnWG); Ausfertigungsdatum: 07.07.2005

[58] Gesetz über die elektromagnetische Verträglichkeit von Betriebsmitteln Elektromagnetische-Verträglichkeit-Gesetz – EMVG) Ausfertigungsdatum: 14.12.2016

[59] Grundgesetz für die Bundesrepublik Deutschland GG; Ausfertigungsdatum: 23.05.1949

[60] *Schmolke, H.:* Brandschutztechnische Bewertung und Prüfung elektrischer Anlagen. Berlin: VDE Verlag, 2018

[61] *Hochbaum, H.; Callondann, K.*: Schadensverhütung in elektrischen Anlagen. Berlin: VDE Verlag, 2009.

[62] https://www.dke.de/de/arbeitsfelder/core-safety/din-vde-0100-normenreihe-sicherheit-schutz-elektroinstallation (abgerufen 15. August 2023)

[63] https://www.dke.de/de/suche?q=Verlautbarung&a=area (abgerufen 15. August 2023)

[64] https://www.dke.de/de/ueber-uns/dke-organisation-auftrag/dke-fachbereiche (abgerufen 15. August 2023)

[65] Landesbauordnung für Baden-Württemberg (LBO) in der Fassung vom 5. März 2010

[66] Musterbauordnung (MBO) in der Fassung November 2002

[67] Richtlinie 2014/35/EU des europäischen Parlaments und des Rates vom 26. Februar 2014 zur Harmonisierung der Rechtsvorschriften der Mitgliedstaaten über die Bereitstellung elektrischer Betriebsmittel zur Verwendung innerhalb bestimmter Spannungs-grenzen auf dem Markt

[68] *Häberle, G. et al.*: Tabellenbuch Elektrotechnik Tabellen – Formeln – Normenanwendungen. Haan-Gruiten: Europa Verlag, 2020

[69] TRBS 1111 Technische Regeln für Betriebssicherheit – Gefährdungsbeurteilung; März 2018

[70] TRBS 1201 Technische Regeln für Betriebssicherheit – Prüfungen von Arbeitsmitteln und überwachungsbedürftigen Anlagen; August 2012

[71] TRBS 1203 Technische Regeln für Betriebssicherheit – Befähigte Personen; März 2010

[72] VDE-AR-N 4100:2019-04 Anwendungsregel: Technische Regeln für den Anschluss von Kundenanlagen an das Niederspannungsnetz und deren Betrieb (TAR Niederspannung)

[73] VDE-AR-N 4105:2018-11 Anwendungsregel: Erzeugungsanlagen am Niederspannungsnetz

[74] VdS 2033:2007-09 Elektrische Anlagen in feuergefährdeten Betriebsstätten und diesen gleichzustellende Risiken

[75] Verordnung über Allgemeine Bedingungen für den Netzanschluss und dessen Nutzung für die Elektrizitätsversorgung in Niederspannung (Niederspannungsanschlussverordnung – NAV); Ausfertigungsdatum: 01.11.2006

[76] Verordnung über Arbeitsstätten (Arbeitsstättenverordnung – ArbStättV); Ausfertigungsdatum: 12.08.2004

[77] Verordnung über Sicherheit und Gesundheitsschutz bei der Verwendung von Arbeitsmitteln (Betriebssicherheitsverordnung – BetrSichV); Ausfertigungsdatum: 03.02.2015

[78] *Schuft, W.*: Taschenbuch der elektrischen Energietechnik. München: Hanser Verlag, 2007

[79] Richtlinie über brandschutztechnische Anforderungen an Leitungsanlagen (Leitungsanlagen-Richtlinie – LAR) Fassung: 10.2.2015 (Redaktionsstand 5.4.2016)

[80] BauPRodV Verordnung (EU) Nr. 305/2011 des Europäischen Parlaments und des Rates vom 9. März 2011 zur Festlegung harmonisierter Bedingungen für die Vermarktung von Bauprodukten und zur Aufhebung der Richtlinie 89/106/EWG des Rates Text von Bedeutung für den EWR

Stichwortverzeichnis